卧式下肢
康复训练机器人
关键技术

姜大伟
史国权
张邦成
田　园　著

U0231270

化学工业出版社
·北京·

内容简介

本书从卧式下肢康复训练机器人机械结构、康复运动规划和动力学分析、康复控制系统设计与鲁棒性、康复效果评定方法和实验平台五个方面对卧式下肢康复训练机器人关键技术进行较深入的理论分析和实验。书中提出了具有针对性的、适合个性化训练的卧式下肢康复训练机器人结构设计方案，给出了机器人结构参数影响下的下肢关节角度内在变化规律，揭示了卧式下肢康复训练机器人与人体运动特征匹配度的内在关系，构建了被动、示教学习，以及助力和主动阻抗等多种康复训练控制策略，同时建立了下肢康复程度评估模型，验证所提出的理论和方法的正确性。

本书可供从事康复机器机构研究的工程技术人员与高等院校相关专业的师生阅读参考。

图书在版编目（CIP）数据

卧式下肢康复训练机器人关键技术/姜大伟等
著. —北京：化学工业出版社，2024.1
ISBN 978-7-122-44372-4

Ⅰ．①卧…　Ⅱ．①姜…　Ⅲ．①下肢-康复训练-专用机器人　Ⅳ．①TP242.3

中国国家版本馆 CIP 数据核字（2023）第 202956 号

责任编辑：金林茹　　　　　　　　文字编辑：王　硕
责任校对：宋　玮　　　　　　　　装帧设计：王晓宇

出版发行：化学工业出版社
　　　　　（北京市东城区青年湖南街 13 号　邮政编码 100011）
印　　装：北京科印技术咨询服务有限公司数码印刷分部
710mm×1000mm　1/16　印张 9¼　字数 150 千字
2024 年 2 月北京第 1 版第 1 次印刷

购书咨询：010-64518888
售后服务：010-64518899
网　　址：http://www.cip.com.cn
凡购买本书，如有缺损质量问题，本社销售中心负责调换。

定　　价：99.00 元
版权所有　违者必究

　　机器人应用于康复保健领域是机器人产业发展的必然趋势，但目前卧式下肢康复训练机器人由于结构、控制系统和康复效果评估等方面的技术局限性，在患者康复过程中存在康复舒适性差和康复效果不佳的问题。本书从卧式下肢康复训练机器人机械结构、康复运动规划和动力学分析、康复控制系统设计与鲁棒性、康复效果评定方法和实验平台五个方面对卧式下肢康复训练机器人关键技术进行较深入的理论分析和实验，主要内容如下：

　　以人体下肢康复运动疗法与下肢屈曲运动角度变化规律为出发点，结合人体下肢肌肉解剖学特性和相关参数，提出具有针对性的、适合个性化训练的卧式下肢康复训练机器人的结构设计方案，在保证患者康复位置与下肢运动角度多样性的同时，确保康复过程的舒适性，对关键零部件进行有限元静力学分析，提高设备结构的可靠性。

　　从人体下肢的生理结构中提取与人体下肢运动功能等效的运动学模型，进而准确模拟转动曲柄和康复位置变化下的下肢膝关节与髋关节运动关节角度范围内的可达空间，合理确定康复机器人的物理参数，给出机器人结构参数影响下肢关节角度的内在变化规律。利用拉格朗日法建立人体下肢动力学和人机系统动力学模型，揭示卧式下肢康复训练机器人与人体运动特征匹配度的内在关系，通过 Adams 与 Matlab 联合仿真分析，获得康复过程中人机系统的动力学参数，为制定有效的康复策略和控制策略提供理论依据。

　　研究不同康复阶段下肢临床特点，确定康复各阶段下肢关节活动度的维持与训练方法。研究在下肢运动康复过程中，不同控制策略对患者康复效果的影响，构建被动、示教学习，以及助力和主动阻抗等多种康复训练控制策略，得出不同控制策略下下肢康复运动过程中关节运动特性与力学特性。针对康复训练控制系统鲁棒性差的问题，建立伺服传动系统模型，提出基于强跟踪滤波方法的自适应模糊 PID 主被动控制策略，提高系统鲁棒性，确保康复过程的安全性。

　　基于肌力评定方法和置信规则库理论，结合临床康复理论、专家临床经验等定性知识和采集的真实有效的下肢康复状态定量测试数据，建立下肢康复程度评估模型。由于专家经验等定性知识的主观性，采用 Fmincon 优化算法对初始 BRB 进行优化，提高模型的评估精度。通过与隐马尔可夫算法进行对比分析，验证置信规则库评估方法的正确性和先进性，为建立置信规则库的临床下肢康复评估决策支持系统奠定理论与实践基础。

　　基于卧式下肢康复训练机器人机械结构和康复控制策略，研制卧式下肢康复训练机器人实验平台，并研究基于 Qualisys 运动捕捉系统的外部实时测量实验平台，实现对下肢康复机器人的实验研究，最终根据计算、仿真、分析的结果，综合测试其各个性能指标，验证所提出的理论和方法的正确性。

　　本书内容的研究得到了吉林省医疗仪器与器械产业技术创新战略联盟项目"交互式上下肢康复训练机器人设计与开发"（项目编号：20150309005YY）和吉林省科技厅科技发展计划项目"卧式下肢康复训练机器人"（项目编号：2017307005YY）的支持。在本书编写过程中，长春工业大学孙建伟教授和长春理工大学石广丰教授提出许多宝贵意见，在此表示感谢！

　　由于笔者水平有限，书中难免存在不足之处，欢迎广大读者批评指正。

姜大伟

长春工业大学

目 录
CONTENTS

第 4 章　卧式下肢康复训练机器人控制系统设计与

第 1 章
绪 论

1.1 下肢康复训练机器人研究的目的和意义

随着人口老龄化的发展和生活节奏的加快，以及不良饮食习惯、环境等因素的影响，由脑卒中、脊髓损伤、脑外伤等原因造成的肢体运动障碍人口迅速增长，据统计，肢体运动障碍人口总数居各类残疾人口首位。各类肢体运动障碍人员在病情稳定后，需要长时间卧床接受康复治疗，使受损的神经逐渐恢复。临床研究表明，病发后越早进行功能训练，越能最大程度地减少后遗症、降低致残率，使患者回归社会[1,2]。普遍采用的运动康复、中医康复和理疗康复，都是根据治疗师临床经验制定康复方案进行治疗，存在人员消耗大、康复周期长、康复效果有限等问题。康复机器人系统的研究和推广应用有望有效缓解康复医疗资源供需矛盾，提高脑卒中患者的生活质量，同时也可带动相关产业发展，增加就业机会，对促进社会和谐具有重要的意义[3-5]。

因此，本书基于人体下肢运动疗法与运动规律，对卧式下肢康复机器人系统展开研究。在理论上，建立不同患者个性参数与下肢屈曲运动角度可达位置的数学模型，进而给出康复训练关节角度运动特性，在此基础上，设计卧式下肢康复训练机器人结构，在保证下肢关节运动角度多样性的同时确保康复过程的舒适性。利用拉格朗日法建立人体下肢动力学和人机系统动力学模型，揭示卧式下肢康复训练机器人与人体运动特征匹配度的内在关系，探寻各康复阶段中的控制策略；针对各种控制系统鲁棒性差的问题，提出基于强跟踪滤波的自适应模糊 PID 主被动控制方法，在提高卧式下肢康复训练机器人控制系统鲁棒性的同时确保康复过程的安全性。结合项目合作单位——长春中医药大学的"中风病国家中医临床研究基地"多年积累的临床数据，建立基于置信规则库（belief rule base，BRB）理论的康复程度评估模型，对实现患者合理、有效的康复治疗，避免欠康复、过度康复和缓解康复资源短缺具有重要作用，同时还可为智能诊疗系统的研究提供理论基础。在技术上，设计并开发新型卧式下肢康复训练机器人系统，降低在康复训练过程中由于机器人与患者之间的运动和功能的不匹配给患者带来的不适，并对所提出的下肢康复训练策略与运动特性等进行验证。本书的研究对提高康复机器人系统技术水平、推动康复机器人与智能医疗系统临床应用技术推广具有重要的理论意义和参考价值。

1.2　下肢康复训练机器人机械结构的国内外研究现状

近年来，下肢康复训练机器人研究主要以悬挂式下肢康复训练机器人、外骨骼式下肢康复训练机器人、坐卧式下肢康复训练机器人为主，其助动装置的结构与人肢体的骨骼结构相仿，进行康复训练时，将患者肢体与各类下肢康复助动装置的对应部位捆绑在一起，助动装置的连杆围绕对应关节摆动，从而带动人肢体产生运动。通过控制助动装置的运动轨迹达到让患者肢体以不同的姿态进行训练的目的。

1.2.1　悬挂式下肢康复训练机器人

悬挂式下肢康复训练机器人是目前多自由度下肢康复训练机器人中技术最为成熟的设备。

瑞士苏黎世联邦工业大学与 Hocoma 公司合作研制了四自由度外骨骼式步态康复训练机器人 Lokomat，如图 1.1 所示。在悬吊减重系统和跑步机的配合下，该外骨骼可以帮助患者完成矢状面内的往复步态训练，Lokomat 机器人腿部装有力量传感器，能够测量患者的力量和付出的努力程度，提供患者与 Lokomat 之间互动的相关信息。可调节的驱动力量为患者的每条腿提供尽可能多的自由及适宜的挑战[6-10]。

其他具有代表性的悬挂式下肢康复训练机器人有德国的 LokoHelp 机器人，如图 1.2 所示[11]。该训练系统可以在减重状态下完全模拟人正常步态运行轨迹，可根据不同患者的功能情况调节步态和姿势，带动患者双下肢在运动跑台上运动，使大幅度的步态训练成为可能。

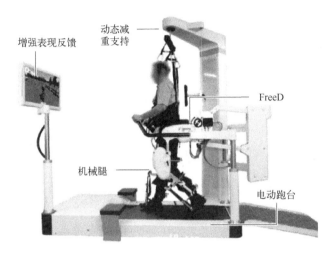

图 1.1　瑞士 Lokomat 康复机器人

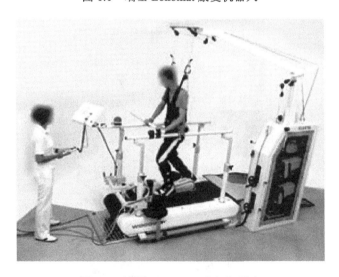

图 1.2　德国 LokoHelp 康复机器人

美国的 ReoAmbulator 机器人，如图 1.3 所示。该机器人具有 360°可旋转的四点支撑减重架，实现主被动康复训练，并通过更换绑腿实现成人和儿童模式的切换[12]。图 1.4 所示为韩国庆尚国立大学研制的六自由度下肢康复训练机器人，通过安装的滑动机构可模拟各种地形，以满足不同需求的步行训练[13]。

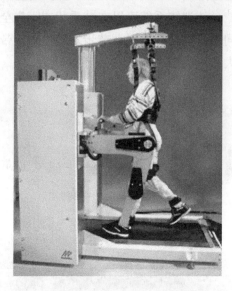

图 1.3　美国的 ReoAmbulator 康复机器人

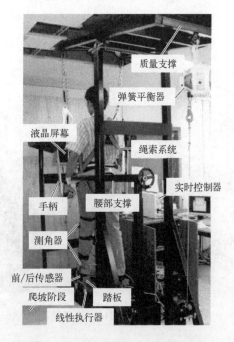

图 1.4　韩国庆尚国立大学康复机器人

国内，上海璟和技创机器人有限公司研发的 Flexbot 康复机器人已用于临床，如图 1.5 所示，床体可以实现 0°～90°电动起立，使早期卧床的患者可以进行多体位的步态训练[14]。上海大学学者研发了一款步行康复训练机器人[15]，如图 1.6 所示，建立了基于关节转角位置的闭环控制，通过运动控制器操纵助行腿，带动人体在跑步机上行走。

图 1.5　上海璟和技创机器人有限公司的 Flexbot 康复机器人

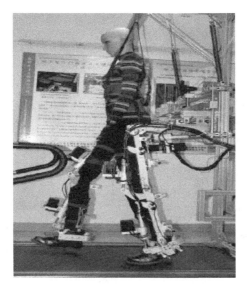

图 1.6　上海大学步行康复训练机器人

广州一康有限公司自主研发的 A3 下肢康复训练机器人，如图 1.7 所示。这个全自动下肢康复训练机器人主要由固定髋部和双下肢的外骨骼式矫正器、减重系统和医用跑台组成。整个外骨骼式矫正器被连接到一个弹簧支撑的平行四边形结构上，弹簧用来支撑整个矫正器的重量，并具有调节平衡的功能[16]。中航创世机器人有限公司研发的下肢康复训练机器人 NovoSkeleton，如图 1.8 所示，采用主被动运动训练相结合的训练模式，在多种参数可调节模式下，能够使步态训练多样化，适用于多种训练需求，通过减重系统，能够提高运动训练的安全性与舒适性。

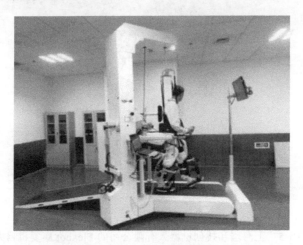

图 1.7　一康 A3 下肢康复训练机器人

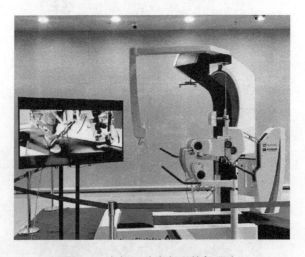

图 1.8　中航下肢康复训练机器人

其他单位如哈尔滨工程大学、北京航空航天大学、河南科技大学等均有研究[17]。

1.2.2　外骨骼式下肢康复训练机器人

外骨骼式康复机器人一般是通过助动装置（也称为外骨骼机械结构）带动患者的肢体运动。目前，外骨骼式康复机器人结构设计方法是康复机器人研究的热点问题。

美国 Ekso Bionics 公司开发的康复下肢外骨骼系统如图 1.9 所示，其提供了康复治疗辅助、用户自主控制、自动感应 3 种康复模式，可以应用在神经康复领域的特定训练中，能够保证高效的康复训练，因此非常适合老年人和残疾人使用。以色列研制生产的 ReWalk 外骨骼机器人如图 1.10 所示，用于临床修复，为瘫痪患者提供物理治疗方式，包括减缓瘫痪导致的肢体疼痛、肌肉痉挛等，帮助腰部以下瘫痪的患者重获行动能力[18,19]。日本筑波大学的山海嘉之教授以 HAL（hybrid assistive leg）外骨骼开启了康复机器人时代。日本筑波大学设计的可穿戴式机器人 HAL-5 如图 1.11 所示，该机器人采用新的扁平的电机来减小关节体积，将瘦长的电机放倒，采用锥齿轮传动，锥齿轮的从动端再连接谐波减速器。这种锥齿轮传动的方法成功地减小了关节体积。下肢外骨骼用于帮助腿部无力的使用者提供腿部助力，手臂外骨骼可以帮助使用者抬起 100kg 的重物[20-22]。新西兰 Rex Bionics 公司研发的可

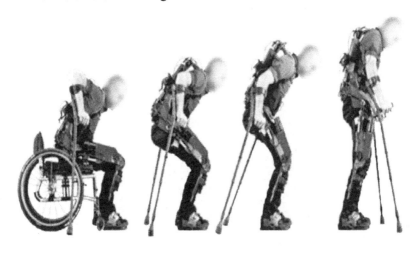

图 1.9　美国的 elegs 外骨骼机器人

穿戴式下肢康复训练机器人 REX，如图 1.12 所示[23]。患者穿戴的 REX 采用坚固的轻质材料，从上至下的多处尼龙搭扣以及腰间的宽腰带将患者身体与外骨骼捆绑在一起。多数穿戴式康复机器人要求使用者具有站立能力，而使很多康复早中期患者使用受到限制。

图 1.10　以色列 Rewalk 外骨骼机器人

图 1.11　日本 HAL-5 外骨骼机器人

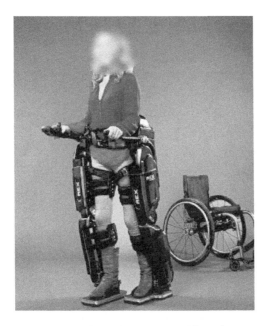

图 1.12　新西兰 REX 外骨骼机器人

国内，比较有代表性的有：贾山[24]对下肢外骨骼机构各关节驱动进行了优化，设计了适用于各种常见步态的下肢外骨骼机构；陈殿生[25]对原有往复式步态矫形器进行了改进，设计出一种电动往复式步态矫形器；高墨尧[26]开发了一种仿生膝关节的下肢外骨骼，该结构能够实现与人体膝关节运动的一致性，从而缓解患者的不适，减小膝关节的受压载荷并节省行走能量，如图 1.13 所示；汪步云[27]设计的外骨骼机器人关节与驱动系统可实现穿戴者助力行走，如图 1.14 所示；周立波[28]提出了一种具有髋关节和膝关节的被动下肢外骨骼；王江北[29]开发了一种新型模块化下肢软硬气动外骨骼的系统。

1.2.3　坐卧式下肢康复训练机器人

德国 RECK 公司研发了一种 MOTOmed 坐式下肢康复训练机器人，适合脑卒中、瘫痪、帕金森综合征、骨质疏松等病症的患者。它可以提供主动、被动和助力三种训练模式，主动过程电机阻力辅助主动训练，阻力大小可实现挡位调节。若训练者出现痉挛，机器会自动检测出来并加以处理，如图 1.15 所示[30]。以色列坐式康复机器人如图 1.16 所示，针对脑卒中、多发性硬化、帕金森综合征、脑性瘫痪、肌力障碍等疾病所引起的肢体运动障碍设计，可显著改善肢体关节角度，增强肌力，改善心血管功能，除具有主动、被动和助力模式以外，还具有生物反馈模式[31]。

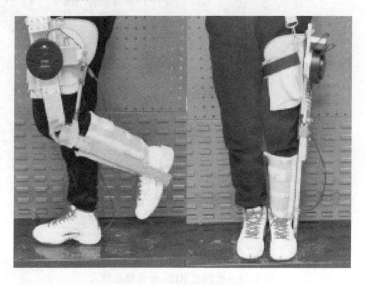

图 1.13　可穿戴下肢机器人

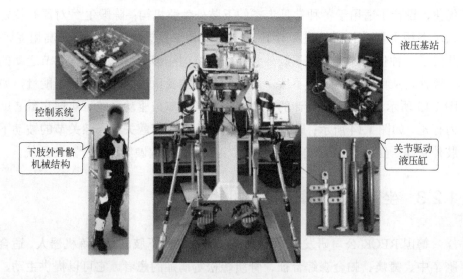

图 1.14　下肢外骨骼助力机器人

瑞士下肢康复训练机器人如图 1.17 所示，该自主运动康复机器人是将机器人运动训练与功能性电刺激（functional electrical stimulation，FES）相结合的康复训练设备[32]。设备的双侧髋-膝-踝电动运动矫正器为患者提供准确的动作指导，确保训练动作按要求完成。日本安川电机公司研发的下肢康复训练机器人 LR2，如图 1.18 所示，具有六种训练模式和三个旋转运动自由度，可以实现卧位下偏瘫侧下肢被动训练[33]。

图 1.15 德国 MOTOmed 下肢康复训练机器人

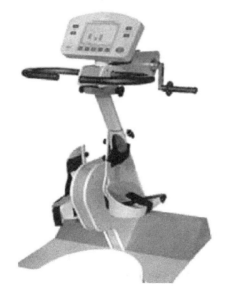

图 1.16 以色列 APT 康复机器人

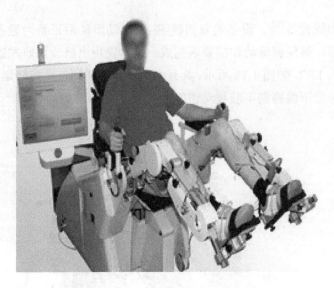

图 1.17　瑞士下肢机器人 MotionMake

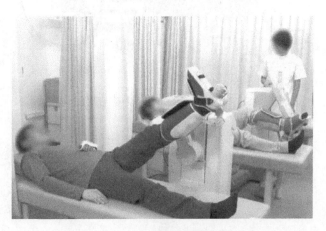

图 1.18　日本 LR2 下肢康复训练机器人

　　国内，燕山大学研发的下肢康复训练机器人，如图 1.19 所示，是国内一款非常接近临床应用的坐卧式下肢康复训练机器人[34,35]，可电动调整机械腿长度和宽度，适应不同体型患者；模块化设计可移动座椅便于患者入座和离座搬移。哈尔滨工程大学张立勋教授也对该康复机器人做了大量研究工作[36]。山东泽普医疗科技有限公司研发的智能主被动坐式下肢康复机器人，如图 1.20 所示，可用于脑损伤、脑卒中、多发性硬化等疾病患者的康复，具有被动、助力、主被动、主动和等速等模式，可进行定时训练，也可进行连续训练[37]。

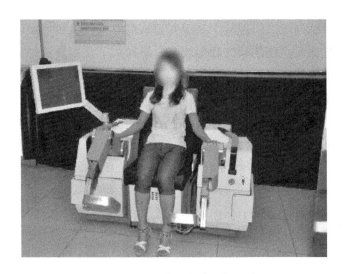

图 1.19　燕山大学的康复机器人

图 1.20　山东泽普智能主被动下肢康复机器人

　　综上所述，国内外众多学者和科研机构对通过悬挂式下肢康复训练机器人、外骨骼穿戴式下肢康复训练机器人和坐卧式下肢康复训练机器人系统实现患者肢体康复训练涉及的不同研究方向，开发出多种适用于不同康复部位的机器人结构。悬挂式下肢康复训练机器人更适用于康复初期下肢康复运动。外骨骼式康复机器人较好地解决了人体各关节在康复训练过程中运动幅度和力矩的控制问题。但现有下肢康复训练机器人相关研究中，针对康复初期卧式康复机器人系统的研究相对较少。悬挂式下肢康复训练机器人虽然可解决康复初期下肢康复运动问题，但价格昂贵，结构较复杂，患者在穿戴时至少需要 1 名医护人员，有时甚至需要 2 至 4 人，十分费时、费神、费力，即使熟练操作人员协助患者穿戴此机器人平均用时也超过 30min，致使该类机器人很难得到普遍应用。另外，结构复杂的康复机器人零部件较多、传感与控制系统复杂，因而可靠性较差，也是导致医院、康复机构将其闲置的原因。因此，针对康复初期卧式下肢康复训练机器人结构，如何满足卧床期间多位置、任意关节屈曲运动角度康复要求，是一个值得研究的技术问题。

1.3 下肢康复训练机器人控制策略的国内外研究现状

运动康复类型按主动用力程度的不同可分为被动运动、主动运动、助力运动和抗阻运动四类。因主动运动康复是指完全由患者主动用力收缩肌肉来完成的运动康复，运动时既不需要助力，也不用克服外来阻力，所以本书针对其他三种运动模式控制系统进行分类分析。

1.3.1 被动康复模式的控制策略

被动康复运动是指完全依靠机器的作用，让患者完成相关的运动和动作。它常用于各种原因引起的肢体运动障碍，包括瘫痪、关节功能障碍及需要保持关节活动范围但又不能或不宜进行主动运动的情况。被动康复动作应缓慢、柔和、平稳、有节地进行，活动范围逐渐加大，避免冲击性运动；操作应在无痛范围内进行，范围从小到大，以避免造成损伤。用于增大关节活动范围的被动运动，进行时可能出现酸痛或轻微的疼痛，但以患者能从容耐受、不引起肌肉反射性痉挛或治疗后持续疼痛为限。

日本芝普科技大学研究小组研制了康复机器人，用于帮助老年人及脑瘫患者等下肢障碍人员进行康复行走训练，机器人外骨骼采用自适应 PID 控制方式实现关节角度控制，帮助因偏瘫、截瘫等下肢不能负重的患者进行被动康复行走训练[38]。Hussain[39]等提出轨迹跟踪控制策略可以实现按照预先规划的轨迹，通过位置控制牵引患者下肢进行连续、重复的被动康复训练。Yoshifumi 等[40-41]通过轨迹跟踪控制技术来获取在治疗过程中的患者下肢运动参数，对下肢康复训练机器人个性化被动训练功能展开研究。哈尔滨工程大学的孙洪颖研发了下肢康复训练机器人，提出了将位置控制应用到被动训练模式中，分析结果表明了该种控制策略的可行性和有效性[42]。合肥工业大学的姜礼杰等采用 PID 控制实现下肢康复训练机器人稳定被动控制[43]。为帮助老年人及偏瘫患者恢复自然行走步态，张立勋等[44]人设计了一种抗干扰的鲁棒控制器，保证了下肢康复训练机器人系统被动康复过程的鲁棒性。

1.3.2　助力康复模式的控制策略

助力康复运动是指在外力的辅助下，通过患者主动收缩肌肉来完成的运动。助力康复可逐步增强肌力，建立起协调的动作模式，常用于肌力较弱尚不能独立主动完成运动，或因身体虚弱或疼痛而不宜进行主动运动等情况。助力康复要求患者明确要以主动用力为主，需要做出最大努力来参与运动，在任何时候机器人只需给予完成动作所必需的最小助力，尽量避免以助力代替主动用力。

自适应助力控制主要针对患者的运动能力和患者需求两个研究方向。针对患者运动能力的自适应助力控制是根据患者的运动能力调节机器人的辅助力，而患者的运动能力可以通过接触力/力矩或轨迹跟踪误差来估计。日本的三重大学开发了一款基于生物反馈的卧式下肢康复训练机器人，该机器人实现等速助力训练模式[45-46]。日本筑波大学的山阶吉行教授研发的 HAL-5LB 下肢康复助行机器人，根据使用者下肢关节角度信息、肌电信号及地面接触力信息，采用生物自主控制和自动混合控制方法以实现对机器人的助力控制[47,48]。Trieu 等[49]提出了一种速度自适应控制算法的康复系统，实现主动助力功能训练与人机协调运动。李峰等[50]设计了一种下肢康复训练机器人步态轨迹自适应协作控制策略，不仅使机器人在未知环境下运行安全稳定，而且可以自适应调整并跟踪目标关节轨迹，使患者根据主观运动意图实现助力康复运动。尹贵等[51]基于人机实际轨迹与期望轨迹之间的偏差在线更新患者的康复状态，从而使康复机器人能够根据患者的康复程度，自适应地按需辅助。彭亮等[52]提出一种适用于康复机器人的人机交互控制方法，并提出了与患者运动意图同步且柔顺的主动康复训练策略。基于患者需求的自适应控制，不仅考虑了患者的运动能力，还考虑了患者的需求，仅当患者有需求时提供辅助力，可以使患者的认知能力和体能得到最大发挥[53]。

1.3.3 阻抗康复模式的控制策略

阻抗康复运动是从患者角度对其运动过程进行分析，患者须通过主动用力抵抗外部阻力才能完成运动。它是主动运动的一种，可以有效增强肌力，消除局部脂肪积聚，阻抗康复运动适用于肌力达 3 级以上的患者。阻抗控制则是从康复设备角度进行分析，指的是设备可以提供阻抗力。

Duschau-Wicke 等[54]以阻抗控制方法为基础，提出了患者主动参与的康复机器人步态训练策略。Lopes 的设计者也根据按需自适应控制策略，实现了患者主动康复训练控制[55,56]。面对多自由度机械臂的主动康复过程控制非线性，MIT-Manus 采用阻抗控制策略使扰动的鲁棒性变强[57]。基于高密度的脑电信号，结合自适应混合独立成分分析的方法，利用朴素贝叶斯分类器，Gwin 等[58]实现了下肢康复训练机器人的交互阻抗控制。Yin 等[59]设计了一种人机接口，该接口通过测量步行过程中患侧下肢的表面肌电信号，采用模糊神经网络方法对患侧下肢的主动运动意图进行识别，实现了瘫痪病人和步态康复机器人在主动康复过程中的交互控制。通过对多通路表面肌电信号的时间序列分析，佟丽娜等[60]对患者下肢主动运动意图进行了识别，提出了基于表面肌电信号任务导向式的主动阻抗训练策略。

综上所述，国内外研究人员针对不同使用需求，设计对应的控制策略，满足了对所开发康复设备控制需求。下肢康复运动在不同康复阶段具有不同的康复运动特性，不同康复运动特性需求如果不能和控制系统进行匹配，不仅影响康复效果，也将给患者带来安全隐患。同时，由于下肢康复训练机器人的控制系统是一类非线性混合系统，所以，现场环境会对主、被动训练控制系统中的转速反馈信号和转矩反馈信号产生随机干扰，从而影响运动控制系统的控制精度。因此，使下肢康复训练机器人的控制系统具备迅速调整系统参数的能力，并在系统中加入滤波方法，提高下肢康复训练机器人控制系统鲁棒性，进一步确保康复过程的安全性，是值得进一步深入研究技术问题。

1.4 康复程度评估方法的国内外研究现状

康复程度评估一直都是康复治疗训练过程中的重要部分，但当前的康复程度评估主要是以量表评估，康复医师主要根据临床体征，缺乏客观评估手段，不能全面客观地评估病人功能障碍，这些不足会对病人的康复效果造成影响。一直以来，针对于肢体康复程度的客观评估是临床康复中急需解决的问题。如何准确地对患者肢体的康复程度进行评估，建立康复程度评估系统是康复机器人研究的重要环节。

近年来，康复程度评估方法由传统的临床判断逐步发展为基于决策方法的评估。美国 BTE 公司生产的一系列训练器械，主要用于神经肌肉功能的测试、评估和康复训练，可用于评估患者的关节肌力、关节活动度、肌肉疲劳度、总做功、平均功率，以及主动肌、拮抗肌的比例和肌力图样等。Takehito Kikuchi 等研制了六自由度康复机器人系统，并结合评价功能软件建立了 Rhythmic Stabilization、FNF 和 GUR 三种评价模式，最终通过虚拟现实系统将患者的康复状况和训练质量展现出来。清华大学的任宇鹏总结现有辅助康复训练的评估策略种类，提出了基于三维上肢运动测量的控制和评估策略。清华大学的阳小勇针对神经康复机器人技术中实时定量进行运动功能评价的问题，提出了一个综合考虑了方向控制特征、运动范围，以及速度控制特征的运动学评价指标，用于评价偏瘫患者上肢肩肘关节的运动功能水平[61]。清华大学的季林红为实现偏瘫患者的痉挛性肌强直症状定量评价，设计了一种基于自适应 Chirplet（线性调频小波）分解的表面肌电信号处理方法，通过比较不同患者的最优 Chirplet 时频参数，量化评价患者肌强直症状，反映偏瘫患者患侧上肢的运动功能[62]。沈阳工业大学的白殿春为实现康复训练时对下肢功能参数评价，提出了七种步态模式测量方法，通过开发的步态测量程序，可实现人体康复训练时步态模式、步频参数的在线测量、记录，最终达到康复评定的目的。华中科技大学张金龙对手指运动功能的康复评定机制进行了研究，设计了评定量表，并结合多个影响康复评定效果的因素，对评定时间进行了研究[63]。河北工业大学的王歌根据测得的有效的康复评价参数，确定了下肢外骨骼康复机器人的康复评价系统的评价指标，最终确定了评分、评级模型[64]。

综上所述，国内外对康复效果评测技术的研究主要集中在对设备采集信息进行定量评价，基于解析模型和数据驱动的方法对定量知识应用较多，缺少对定性知识的应用。制定患者康复训练策略的前提是准确地对患者康复程度进行评估，而传统的基于专家知识的方法大量应用定性知识，忽略了定量信息的作用。在康复过程中，定量知识和医生的定性专家知识同样重要，研究如何基于半定量知识（医生的临床经验与康复评估参数）建立康复程度评估模型，实现对患者康复程度的准确评估，从而达到康复训练策略与患者康复程度的最优匹配，避免欠康复和过度康复对患者康复效果的影响，最终实现最优康复训练路径选择，是一个值得研究的理论问题。

通过对目前国内外下肢康复机器人结构、控制策略和评估方法的综合分析，我们知道与人工康复治疗相比，采用康复机器人系统对脑卒中、脊髓损伤、脑外伤等疾病的患者下肢进行康复治疗具有训练精度高、运动量易于量化、可长期一对一为患者进行科学康复治疗等优点，但目前在下肢康复机器人结构、控制策略和康复效果评定等方面研究需进一步加强。因此，本书在人体下肢运动疗法与运动规律基础上，通过阐明下肢康复训练患者关节角度的运动特性，提出具有一定适应性的卧式下肢康复训练机器人结构，在保证下肢关节运动角度多样性的同时确保康复过程的舒适性。探寻各康复阶段中不同患者个性参数（下肢尺寸参数、患肢各关节角度参数和肌肉力量等参数）控制策略，针对各种控制系统鲁棒性差的问题，提出基于强跟踪滤波的自适应模糊 PID 主被动控制方法，在提高卧式下肢康复训练机器人控制系统鲁棒性的同时确保康复过程的安全性。结合长春中医药大学的"中风病国家中医临床研究基地"多年积累的临床数据和 BRB 理论中先进的评估方法，建立患者康复过程的 BRB 模型，达到康复训练策略与患者康复程度的最优匹配。本书的研究对提高卧式康复机器人性能，实现康复过程的健康管理提供了新的途径，同时为智能医疗提供重要的理论支持，研究成果具有重要的理论意义和应用价值。

1.5　本书主要内容

本书主要内容如下：

（1）基于运动康复的卧式下肢康复训练机器人机械结构设计

以人体下肢康复运动疗法与下肢屈曲运动角度变化规律为出发点，结合人体下肢肌肉解剖学特性和相关参数，提出具有针对性的个性化训练的卧式下肢康复训练机器人的结构设计方案，在保证患者康复位置与下肢运动角度多样性的同时，确保康复过程的舒适性。

（2）卧式下肢康复训练机器人系统运动学与动力学分析

从人体下肢的生理结构中提取与人体下肢运动功能等效的运动学模型，进而准确模拟下肢运动关节角度范围内的可达空间，合理确定康复机器人的物理参数，给出机器人结构参数影响下肢关节角度的内在变化规律。利用拉格朗日法建立人体下肢动力学和人机系统动力学模型，揭示提出的卧式下肢康复训练机器人与人体运动特征匹配度的内在关系，为制定有效的康复策略和控制策略提供理论依据。

（3）卧式下肢康复训练机器人运动控制系统设计与鲁棒性研究

研究不同康复阶段下肢体临床特点，确定康复各阶段下肢关节活动度的维持与训练方法。研究在下肢运动康复过程中，不同控制策略对患者康复效果的影响，得出不同控制策略下下肢康复运动过程中关节运动特性与力学特性。针对康复训练控制系统鲁棒性差的问题，建立伺服传动系统模型，提出基于强跟踪滤波方法的自适应模糊 PID 主被动控制策略，提高系统鲁棒性，确保康复过程的安全。

（4）卧式下肢康复训练机器人康复评估方法研究

在获取下肢康复特征量（关节肌力、关节活动角度、运动时间等）的基础上，探究康复特征量与康复程度之间的关系，分析不同康复程度下康复特征量的变化范围，充分利用"中风病国家中医临床研究基地"的专家资源，建立基于 BRB 半定量信息的康复程度评估模型，实现患者康复程度的评估。

（5）卧式下肢康复训练机器人样机研制及实验研究

基于卧式下肢康复机器人机械结构和康复控制策略，通过采集下肢运动状态数据和外部环境信息，结合实时控制算法，及时调整下肢康复机器人系统控制参数，实现对下肢康复机器人的实验研究，最终根据计算、仿真、分析的结果，综合测试其各个性能指标，验证所提出的理论和方法的正确性。

1.6 整体技术研究路线

本书拟采取的总体研究方案由卧式下肢康复训练机器人机械结构、康复运动规划和动力学分析、康复控制系统设计与鲁棒性、康复效果评定方法和实验平台研究 5 部分组成。整体技术研究路线如图 1.21 所示。

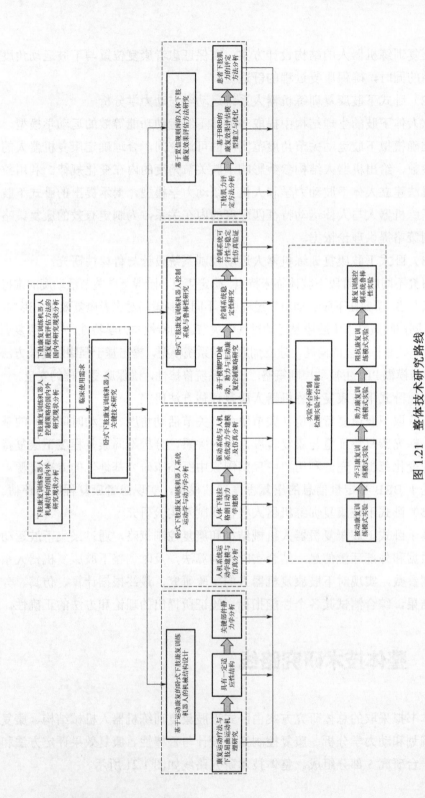

图 1.21 整体技术研究路线

第 2 章

基于运动康复的卧式下肢康复训练机器人的机械结构设计

2.1 概述

偏瘫、脑卒中、中枢神经损伤等疾病患者通过使用卧式下肢康复训练机器人,实现主动与被动康复训练,防止患病下肢因缺乏运动导致的肌肉萎缩,增强患者下肢运动控制能力。为实现人与机器人整体协调运动,需要首先以人体下肢康复运动疗法与下肢屈曲运动角度变化规律为出发点,结合人体下肢肌肉解剖学特性和相关参数,提出具有针对性的、适合个性化训练的卧式下肢康复训练机器人的结构设计方案,在保证患者康复位置与下肢运动角度多样性的同时,确保康复过程的舒适性。

2.2 运动康复分析

运动康复疗法是指利用器械、治疗师徒手或患者自身力量进行运动训练,使患者恢复或改善功能障碍的方法（主要利用物理学中的力学因素），是物理疗法的主要部分，已成为康复治疗的核心治疗手段。偏瘫、脑卒中、中枢神经损伤等疾病患者的患肢可以通过运动康复疗法恢复正常，依据的是康复医学理论中的神经系统的可塑性。神经可塑性包括神经再生、突触适应性变化与脊髓适应性变化。基于三者的复杂程度，突触适应性在患肢康复关键期可塑性比较高。中枢性瘫痪的康复过程是肌肉力量从小到大的量变过程，常用徒手肌力检查法进行评价。中枢性瘫痪的康复过程是运动模式的质变过程，Brunnstrom 方法将肢体功能的恢复过程分为弛缓、痉挛、联带运动、部分分离运动、分离运动和正常六个阶段，如表 2.1 所示[65]。Brunnstrom 方法认为偏瘫患者在不同的阶段存在着弛缓（肌张力下降）、痉挛（肌张力增高）、异常的运动模式、正常姿势反应及运动控制丧失。出现这些问题是中枢神经系统破坏，大脑对低级中枢的调节失去控制，原始反射被释放，正常运动的传导受到干扰的结果。如果错误地将中枢性瘫痪认为是肌力的丧失，用肌力的大小评价功能恢复的好坏，鼓励患者进行提高肌力的训练，会造成痉挛加重，诱发联合反应和强化病理性的联带运动等异常运动模式，导致训练陷入盲目，将运动功能的恢复引入误区。这种对偏瘫的新认识，不仅清楚地阐明了中枢性偏瘫与周围性瘫痪的本质区别，而且为中枢性瘫痪的康复技术的发展奠定了坚实的理论基础。对患者下肢康复治疗方案的设计，为卧式下肢康复训练机器人功能开发提供理论与实践基础。

随着康复医学的早期介入，Brunnstrom 方法已考虑偏瘫患者恢复过程中的痉挛现象可以得到较好的控制，并且在早期就可以诱发分离运动。因此，在准确分析问题和采取及时、正确的康复治疗方法的前提下，患者的运动功能完全可以从 Brunnstrom 方法所描述的第Ⅰ阶段直接进入第Ⅱ或第Ⅴ阶段，从而使偏瘫肢体功能恢复的过程缩短，使康复收到很好的效果。本书将针对第Ⅳ阶段运动中的下肢康复运动特点，设计相应卧式下肢康复训练机器人结构。

表 2.1　Brunnstrom 方法的肢体功能分类

康复阶段	肢体功能特征
第Ⅵ阶段	正常
第Ⅴ阶段	分离运动
第Ⅳ阶段	部分分离运动

康复阶段	肢体功能特征
第Ⅲ阶段	联带运动
第Ⅱ阶段	痉挛
第Ⅰ阶段	弛缓

2.3 人体下肢骨关节模型屈曲运动分析

（1）人体屈曲运动角度分析

本书所研发的卧式下肢康复训练机器人主要针对下肢康复过程屈曲运动进行相应结构设计，因此需要对下肢屈曲运动过程中关节运动范围及下肢尺寸、质量、转动惯量等参数进行分析。人体下肢各关节运动范围分析如表 2.2 所示[66]。

表 2.2　人体下肢各关节的运动范围

骨关节名称			关节最大 活动范围	正常行走时 关节活动范围
髋关节	矢状面	屈曲	0°～145°	0°～40°
		伸直	0°～15°	0°～5°
膝关节	矢状面	屈曲	0°～160°	0°～67°
踝关节	矢状面	背屈	0°～27°	0°～20°
		跖屈	0°～59°	0°～20°

从解剖学上看，下肢运动系统由多节骨骼通过运动关节链连接在一起，在神经系统的调节和其他系统的配合下，利用附着在其上的骨骼肌带动骨骼，使各肢体间的相对位置发生变动，最终形成肢体在空间中的复杂运动。下肢在日常生活中能帮助人们完成各种生理活动所需的复杂运动，而行走是其中最基本的运动。对于偏瘫、脑卒中、中枢神经损伤等疾病的患者来说，恢复行走功能也是第一需求。

尽管下肢各关节自由度较多，但在人体运动中每个关节的自由度是相互联系、相互协调的。卧式下肢康复训练机器人带动人体下肢进行康复训练过程中，人体下肢运动主要以屈曲运动为主，分析下肢关节运动角度并确定关节等效模型至关重要，这里主要分析髋关节屈曲运动、膝关节屈曲和踝关节背屈及伸展运动。下肢关节屈曲运动分析如图 2.1 所示。

髋关节屈曲运动过程中，大腿前方靠近躯干，整个下肢处于通过髋关节中心的冠状面的前方。屈曲运动的幅度与多种因素相关，主动屈曲的活动度小于被动屈曲。膝关节的位置也决定了髋关节的屈曲幅度：膝关节伸展时，髋关节可屈至 90°，膝关节屈曲时，髋关节可屈曲至 120°以上。被动屈曲的幅度超过 120°，但仍与膝关节的位置相关。当膝关节处于伸展位时，髋关节的屈曲幅度小于膝关节处于屈曲位时的屈曲幅度；膝关节处于屈曲位时髋关节的屈曲幅度可以达到 145°，大腿几乎接近胸部。屈曲运动时股骨头部分被髋臼所覆盖，结构可以等效为万向球副式机构模型。

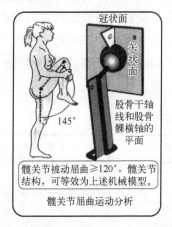

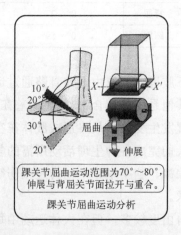

图 2.1　下肢关节屈曲运动分析

膝关节屈曲是指小腿的后表面向大腿后表面的运动。膝关节屈曲范围的变化取决于髋关节的位置和运动方式。当髋关节已经屈曲时，膝关节的主动屈曲范围可达 140°；当髋关节伸展时，则膝关节仅可屈曲 120°。上述膝关节屈曲最大范围的不同是源于如下情况：随着髋关节的伸展，腘肌会丢失其一部分作用，尽管如此，由于腘肌活跃的弹道收缩能力，随着髋关节伸展，膝关节屈曲仍有可能超过 120°。膝关节的被动屈曲范围可达 160°，可使足跟与臀部接触，这一运动可作为一项重要的临床检测，用于检测膝关节屈曲过程中的运动自由度。膝关节围绕水平轴的屈曲运动是胫骨的上关节面与股骨的下关节面相匹配构成铰链式关节。

踝关节屈曲被定义为足背部向腿前方靠近的运动。踝关节伸展是使足远离腿前方的运动，屈曲的范围是 30°～50°。个体间变化的差异大概有 10°。伸展的范围是 30°～50°，个体间伸展范围变化的差异大于屈曲范围变化的差异，相差约 20°。下半部距骨上面承载着一个沿横轴 XX' 运动的凸起圆柱体；上半部胫骨和腓骨远端关节面形成一个单一的凹面型结构，正好与上面提到的凸面结构相吻合。实心圆柱体嵌入空心圆柱体内，两侧由上半部分固定，并且可以围绕 XX' 轴做屈曲和伸展运动。

综上分析可知，正常行走过程中，髋、膝、踝关节在矢状面内的活动幅度最大，且绝大多数关节的运动都是由多个肌群共同实现的，如果只在矢状面内针对下肢关节进行康复训练，同样可以使关节的多数肌群得到锻炼。因此，确定康复目标：针对下肢髋、膝、踝关节在矢状面内进行康复训练，使偏瘫、脑卒中、中枢神经损伤等疾病导致的下肢运动功能障碍患者恢复行走功能。

（2）人体下肢各关节尺寸参数分析

本书中，人体模型均以身高为 H（H=1.75m）、体重为 M（M=75kg）的人体下肢模型进行分析计算。进行实验研究时，不同的受试者进行实验，会由于个体的差异而使人体参数发生变化，给实验结果带来一定的影响。同时，这些测量数据不适合其他国家人体结构尺寸的计算。人体下肢各体段长度，如表 2.3 所示；人体下肢各环节相对质量，如表 2.4 所示；人体下肢各环节质心相对位置，如表 2.5 所示[67,68]。

表 2.3、表 2.4 和表 2.5 中人体尺寸、相对质量和质心相对位置的确定，为卧式下肢康复训练机器人的结构设计过程中参数确定、运动学与动力学分析奠定基础。

表 2.3　人体下肢各体段长度

下肢体段	体段长度定义	长度（H 表示患者身高）/mm
大腿	大转子到股骨头	$l_3 = 0.245H$
小腿	股骨头到内踝骨	$l_2 = 0.246H$
足	内踝骨到第二距骨	$l_1 = 0.074H$

表 2.4　人体下肢各环节相对质量

环节名称	性别	相对质量百分比（各环节质量占人体总质量百分比）/%
大腿	男	14.19
	女	14.10
小腿	男	3.67
	女	4.43
足	男	1.48
	女	1.24

表 2.5　人体下肢各环节质心相对位置

环节名称	性别	各环节质心上部尺寸占本环节全长的百分比/%	各环节质心下部尺寸占本环节全长的百分比/%
大腿	男	45.3	54.7
	女	44.2	55.8
小腿	男	39.3	60.7
	女	42.5	57.5
足	男	48.6	51.4
	女	45.1	54.9

2.4　卧式下肢康复训练机器人设计要求

　　由于卧式下肢康复训练机器人需要服务于由偏瘫、脑卒中、中枢神经损伤等导致肢体运动障碍的患者,因此它的开发研制不同于普通的工业机器人。本书根据卧式康复机器人的服务对象和具体康复目标,从临床使用的角度出发，在保证使用者安全的基础上，充分考虑结构的舒适性和康复训练效果。因此，在设计过程中关键需要考虑卧式下肢康复训练机器人使用的安全性能、结构功能、康复运动数据采集系统、控制模式和使用环境方面的要求。

（1）安全性能要求

由于中枢神经损伤后患者会产生不同程度的肢体运动功能障碍，如肌力和耐力降低、身体运动过程中的平衡性和协调性变差、肌肉僵硬而导致关节的活动范围变小，甚至肢体会出现异常的运动行为等情况。在进行结构设计的过程中，安全性应该放在首位。

对卧式下肢康复训练机器人进行结构设计时，从人体下肢的康复运动机理出发，使设计的机器人结构符合患肢的生理特点，便于患者使用。卧式下肢康复训练机器人用于卧床期间进行下肢康复，因此在设计过程中应认真考虑结构与床体结合方式，保证康复过程设备的鲁棒性和患者舒适性，避免运动过量或出现不正常的训练模式而使患肢受到二次损伤。同时，合理地选择各个零部件的材质，保证机器人在带动下肢进行康复的过程中具有足够的刚度和强度；康复机器人和下肢的连接位置要保证下肢的灵活度，整体结构可以根据患者肢体尺寸进行调整，保证装置对不同患者的普适性。

对卧式下肢康复训练机器人进行控制系统设计时，结合康复过程中被动康复、助力康复、阻抗康复三种康复模式，采用对应的控制方法，从而增强系统的自适应性能，提高康复过程人机融合度。增加软件保护程序，设定训练过程中速度、力矩等关键参数的范围，一旦系统出现异常，超出预先设定的范围，立即停止训练，进行软件保护。关键位置增加限位开关，同时配置紧急停止按钮等设施进行多重保护。

（2）结构功能要求

对卧式下肢康复训练机器人进行结构设计时，要求可实现双侧下肢髋、膝、踝共六个关节的训练。进行康复训练的准备过程应简单实用，使下肢与康复设备结合。设备固定在床边时鲁棒性要好，同时搬运方便。机构上可以提供关节复合运动，同时结构应该对不同患者具有普适性。机器人在满足康复训练需要的前提下，要结构紧凑、易于安装和维护，便于患者在医院或者家里使用。

（3）数据采集系统要求

康复机器人数据采集系统需要实时采集康复过程数据，一方面为后续下肢康复程度评估提供可靠、客观的评价数据，给康复治疗师临床诊断和治疗方案的制定提供协助；另一方面，对速度、加速度、力矩等实时监测，保证康复患者安全性，同时患者可以直观地看到康复过程和康复效果，提高康复效率。因此，在进行卧式下肢康复训练机器人控制系统设计时，要考虑各类传感器或其他测量元件的设置问题，以及相应测量数据的采集、分析和处理方面的方法。

（4）控制功能要求

针对脑卒中、神经损伤等疾病患者在不同康复阶段的康复训练需求，机器人控制系统应能够提供被动训练、助力训练、阻抗训练模式。对于康复初期的患者，适合采用被动康复训练模式，康复过程中关节运动幅度可控。对于康复中期患者，可以采用助力康复训练模式，协助患者逐渐增强肌力和耐力。对于康复后期患者或病情较轻的患者，可以采用阻抗康复训练模式，进一步提高肌力。如果患者单侧肢体的运动功能较强，可以考虑利用运动功能较强的肢体带动患肢进行主动康复运动训练。

（5）环境要求

康复机器人在外观上要符合人机工程学的设计原则，同时注重色彩协调，使人机接触时不会让患者产生不舒服的感觉。卧式下肢康复训练机器人使用环境一般都是医院、康复中心或者是家里，设计时也要考虑环境方面的要求，需要把一些容易产生油污的机构封装起来，保证设备的清洁度。

2.5　卧式下肢康复训练机器人结构设计

2.5.1　卧式下肢康复训练机器人整体结构方案

在对人体下肢的运动机理和康复机器人设计要求进行分析的基础上，本书提出了卧式下肢康复训练机器人的机构方案，如图 2.2 所示。该装置由垂直升降结构、悬臂伸缩结构、腿部固定结构及下肢辅助运动结构等组成。垂直升降结构内部装有电动推杆，可根据使用要求调整在其上部连接的悬臂伸缩结构高低，使下肢康复机器人适应不同医用病床结构。悬臂伸缩结构内部电动推杆可实现悬臂伸缩结构前端的下肢蹬踏结构位置调整，适应不同患者身高尺寸和卧床位置。患者在卧床期间进行康复训练时，双足绑缚到下肢蹬踏结构的转动曲柄上，足部与踏板接触，下肢回转机构中的曲齿减速器将电机驱动力传送到蹬踏曲柄上，带动下肢进行被动康复运动。主动康复时，下肢电机在力矩模式下工作，根据康复过程中患者的使用需求，控制系统可为电机设定不同阻抗电流，因电机电流与反向阻力成正比，在下肢反向施加主动力时，电机可提供主动康复过程所需要的阻抗力。

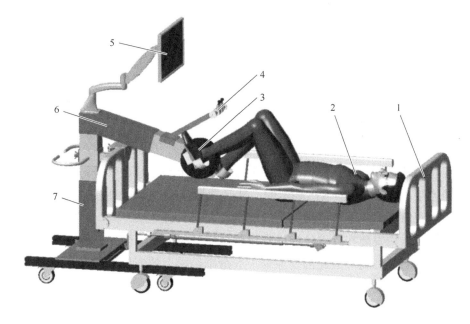

图 2.2　卧式下肢康复训练机器人结构组成

1—医用病床；2—患者；3—下肢蹬踏结构；4—腿部辅助吊升结构；

5—触摸显示屏；6—悬臂伸缩结构；7—垂直升降结构

2.5.2　卧式下肢康复训练机器人悬臂与蹬踏结构设计

考虑实际情况中患者下肢尺寸参数的变化以及患者卧姿位置的变化，卧式下肢康复训练机器人上的悬臂结构设计为伸缩结构。如图 2.3 悬臂伸缩结构图所示，悬臂伸缩结构主要由悬臂内方管、悬臂外方管、驱动电机、电动推杆等组成。悬臂外方管通过螺栓与垂直升降结构中的升降方管固定连接，电动推杆尾端通过连接块与悬臂外方管固定连接，连接块同时起到定位作用，保证电推杆与悬臂外方管间水平。通过连接块将电动推杆前端与悬臂内管连接，当电动推杆推动连接块时，连接块带动悬臂内管相对于外管进行移动。

电机固定在悬臂内管中，同时，连接块固定在驱动电机尾部，进一步对电机起到限位作用。

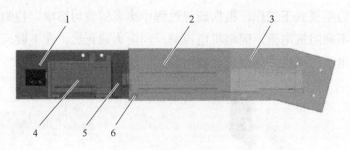

图 2.3　悬臂伸缩结构

1—悬臂内方管；2—电动推杆；3—悬臂外方管；4—电机；5—连接块；6—连接片

下肢蹬踏结构主要是由曲齿减速器（由驱动轴和曲齿齿轮等组成）、转动曲柄和联轴器等组成。曲齿减速器驱动齿轮轴末端通过联轴器与力矩电机输出轴连接，曲齿减速器输出轴两侧与转动曲柄连接，带动下肢进行康复运动，从而达到患者腿部主、被动康复训练的目的。下肢蹬踏结构，如图 2.4 所示。下肢蹬踏结构安装在悬臂伸缩结构内部，安装过程中需要保证驱动齿轮轴与驱动电机的同轴度，因此需要保证下肢蹬踏结构上的连接板的垂直度，同时曲齿减速器外壳上开有长条孔，可以起到调节曲齿减速器位置的作用，实现曲齿减速器安装过程中轴线的调整，避免驱动齿轮轴与驱动电机轴因不同轴导致扭矩加大，长时间的运转下造成减速器和驱动电机损伤。转动曲柄上设计不同位置安装孔，可用于调整转动曲柄有效长度。

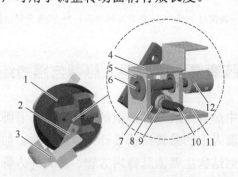

图 2.4　下肢蹬踏结构

1—圆形外壳；2—转动曲柄；3—下脚蹬；4—连接板；5—限位法兰；

6—驱动轴；7—壳体；8—曲齿齿轮；9—轴承；10—输出轴；11—连接板；12—联轴器

2.5.3　腿部辅助吊升结构设计

　　腿部辅助吊升结构主要由固定架、弹簧插销等组成，如图 2.5 所示。该结构与悬臂内管上方连接，其作用为在康复过程中对患者小腿起到助力和稳定作用。在腿部辅助吊升结构的两外端收线轮上设置可收放弹性吊带，利用吊升结构上的棘轮机构及弹簧插销来控制收线轮的转动，进而控制弹性吊带长短。在康复过程中，根据患者腿部康复状态，实时将吊带收放至合适位置，对患肢起到助力和稳定作用。

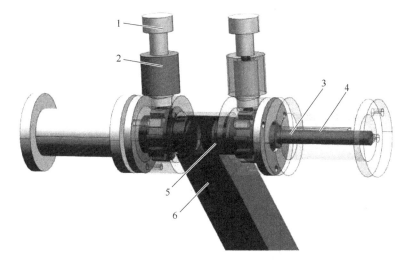

图 2.5　腿部辅助吊升结构

1—弹簧插销；2—棘轮；3—固定轴；4—收线轮；5—轴承；6—固定架

2.5.4　底部支架与垂直升降结构设计

　　图 2.6 所示为底部支架与垂直升降结构，主要由底部支架、垂直升降结构、床尾固定结构组成。万向轮便于设备移动，同时，万向轮带有锁死机构，康复过程中将万向轮锁死，配合床尾固定结构保证康复过程的鲁棒性。床尾固定结构的把手处连接在垂直升降结构的升降方管上，可以根据实际床尾高度调节固定位置，通过五星把手与升降方管紧固，另一侧的五星把手可以调节床尾固定结构与床尾的紧固程度，从结构上确保卧式下肢康复训练机器人

使用过程的固定、稳定。

垂直升降结构是由支撑方管、升降方管和电动推杆等组成，工作原理与悬臂结构相同。支撑方管与底部支架连接固定，电动推杆通过连接块与支撑方管连接固定，电动推杆通过法兰盘及连接板与升降方管连接，来实现垂直升降的功能。

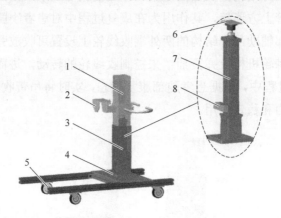

图 2.6　底部支架与垂直升降结构

1—升降方管；2—床尾固定结构；3—支撑方管；4—底部支架；

5—万向轮；6—法兰盘；7—电动推杆；8—连接块

2.5.5　主要部件参数选定

（1）升降电动推杆选型

为便于调整上部机械悬臂高低，在底部支架中装有电动推杆，通过调整电动推杆伸缩尺寸，控制与其连接的垂直升降结构中的升降方管，进而调整机械悬臂高低。根据上部机械悬臂和升降结构整体质量、垂直升降行程需求，选择电动推杆的参数如表 2.6 所示。

如图 2.7 所示，电动推杆由驱动电机、减速齿轮、丝杆、铜螺母、导管、推杆、滑座、弹簧、外壳及安全开关等零件所组成，通过末端电机驱动前端推杆往复运动，用于各种简单或复杂的工艺流程中。

表 2.6　垂直升降结构的电动推杆参数

额定负载/kg	有效行程/mm	额定速度/（mm/s）	电机转矩/N·m	电机额定转速/（r/min）
200	200	25	6.8	300

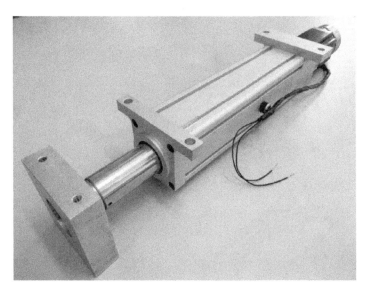

图 2.7　电动推杆

（2）悬臂电动推杆选型

根据设计要求，悬臂电动推杆伸缩范围是 0～100mm 便可以满足使用要求。同时，悬臂电动推杆需要放置在悬臂外方管内，在满足使用要求的同时，要考虑结构尺寸不产生干涉，且便于安装。悬臂电动推杆具体参数如表 2.7 所示。

表 2.7　悬臂伸缩结构的电动推杆参数

额定负载/kg	有效行程/mm	额定速度/（mm/s）	电机转矩/N·m	电机额定转速/（r/min）
50	100	25	2	300

（3）下肢蹬踏结构的驱动电机选型

驱动电机通过曲齿减速器将动力传递到转动曲柄上，带动下肢进行康复运动。在满足使用要求的基础上，驱动电机选型中应考虑尺寸参数，便于将其安装在悬臂内方管内。根据 2.3 节确定下肢参数。如图 2.8 所示，初步选定力矩电机作为驱动电机，具体参数如表 2.8 所示。力矩电机也可以提供和运转方向相反的力矩。可简化配线和操作设定，并且大幅提升电机尺寸的对应性和产品特性的匹配度，针对专用机提供了多样化的操作选择。

图 2.8　力矩电机

表 2.8　下肢蹬踏结构的驱动电机参数

额定功率 /kW	额定转速 /（r/min）	最高转速 /（r/min）	额定转矩 /N·m	电机质量 /kg
0.75	3000	6000	2.39	2.90

2.6　卧式下肢康复训练机器人结构静力学分析

康复设备强度满足使用要求是设备安全的基本保证。为保证卧式下肢康复训练机器人结构可靠性，需要对结构中关键零部件采用有限元软件进行静力学分析。

2.6.1　关键零部件有限元模型的建立

卧式下肢康复训练机器人悬臂结构中的悬臂外方管与升降结构通过螺栓连接，在使用中受到外力和自身重力的作用较大，应力集中明显，易发生形变。固定架支臂过长，在受到人体腿部的拉力作用下将产生较大弯矩。曲齿减速器的输出轴在患者进行康复训练过程中，会受到较大转矩和弯曲应力。利用结构设计三维模型的 UG 软件的静力学分析功能，可以对建立以上关键部件进行静力学分析，保证设备可靠性。

在建立仿真模型过程中，为模型划分网格是这一过程重要的一步。模型中除连接端螺纹孔以外的中小孔、圆角对分析结果影响并不重要，如果对包含这些不重要特征的整个模型自动划分网格，会产生数量巨大的单元，影响分析结果。通过简化几何体可将不重要的细小特征从模型中去掉，而保留原模型的关键特征，改善分析效果。需要分析的关键零部件三维模型，如图 2.9 所示。

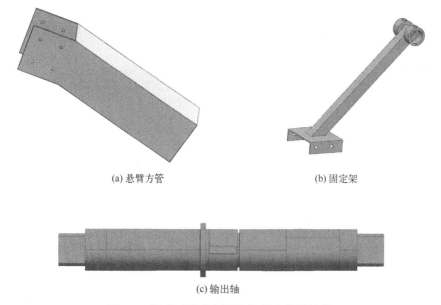

(a) 悬臂方管

(b) 固定架

(c) 输出轴

图 2.9　卧式下肢康复训练机器人关键部件

2.6.2　关键零部件网格划分

网格划分是建立有限元模型的一个重要环节，网格划分质量的好坏直接影响计算精度和计算规模。网格划分涉及单元的形状及其拓扑类型、单元类型、网格生成器的选择、网格的密度、单元的编号以及几何体元素。以下为各关键部件具体的网格划分：悬臂伸缩结构划分为 19596 个单元，节点数为 40094；腿部固定结构划分为 8716 个单元，节点数为 17517；输出轴划分为

3866 个单元，7043 个节点。划分网格后如图 2.10 所示。

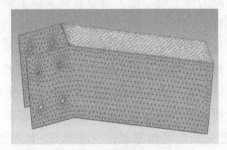

(a) 悬臂方管网格划分图

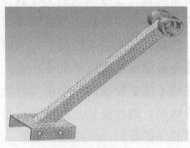

(b) 固定架网格划分图

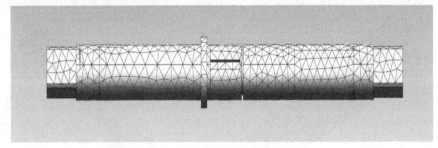

(c) 输出轴网格划分图

图 2.10　关键部件网格划分

作为卧式下肢康复训练机器人的关键部件，悬臂方管、固定架和输出轴均采用 45 钢，具体材料参数如表 2.9 所示。

表 2.9　材料详细信息

材料名称	密度 /（g/cm³）	杨氏弹性模量 /GPa	泊松比	屈服强度 /MPa
45 钢	7.89	209	0.269	355

2.6.3　关键零部件的有限元分析

（1）工况确定与载荷计算

刚度表示的是材料或结构在受力时抵抗弹性变形的能力。强度表示的是材料在外力作用下抵抗破坏的能力。失稳表示受力构件丧失保持稳定的能力。三者概念不同。强度和鲁棒性代表着结构的极限状态。而刚度将强度和鲁棒性这两种极限承载能力进行统一，对于描述结构状态更为重要。

悬臂方管与固定架通过螺纹孔与其他部件连接，在端部螺纹孔连接处受力较集中，而输出轴则同时受弯曲应力与扭转应力作用，因此本书对以上三个关键零部件进行静力学分析，以提高设备可靠性。

悬臂方管的载荷计算分为两个部分：第一部分是机器人的下肢辅助结构和腿部固定结构所有零件的重力，第二部分是悬臂方管自身的重力。

在 UG 软件中可直接对整个有限元施加重力加速度，对机器人设定材料属性从而模拟在重力场中所受重力，重力加速度取 $g=9.8\text{N/kg}$，各零部件受载荷等情况如表 2.10 所示。

表 2.10 各零部件受载荷等情况

零件名称	外载荷/N	重力/N	转矩/N·m
悬臂方管	60	51.19	无
固定架	50	15.36	无
输出轴	20	3.06	30

（2）仿真分析结果

悬臂方管的分析结果，如图 2.11 悬臂方管应力云图，图 2.12 悬臂方管变形云图和图 2.13 悬臂方管在 X、Y、Z 方向变形云图所示。悬臂方管的分析结

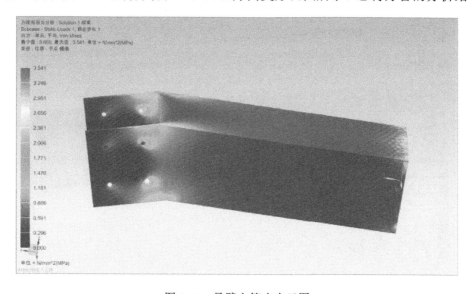

图 2.11 悬臂方管应力云图

果如表 2.11 所示。由分析结果可知，最大应力发生在悬臂方管的内孔面，最大应力值远小于材料的屈服极限。最大变形发生在悬臂的上表面，变形量最大为 0.0139mm，表明卧式下肢康复训练机器人悬臂方管在使用过程中，虽然受到自重与下肢的合力作用，但连接处变形量较小，保证结构在外力作用下的变形量不会导致下肢康复训练过程中关节运动状态变化。

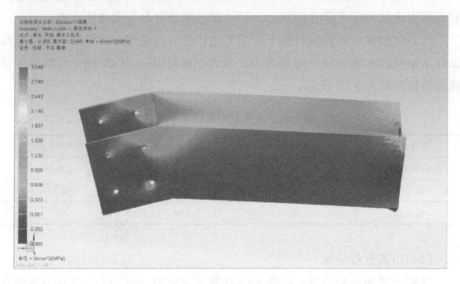

图 2.12　悬臂方管变形云图

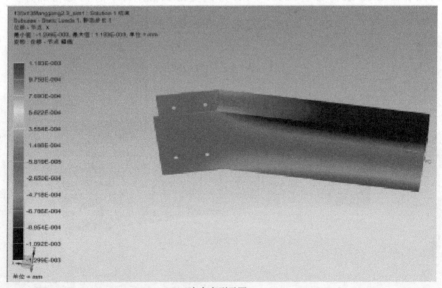

(a) X方向变形云图

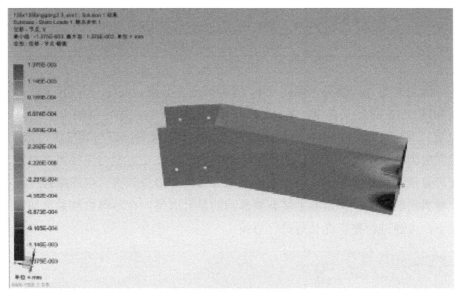

(b) Y方向变形云图

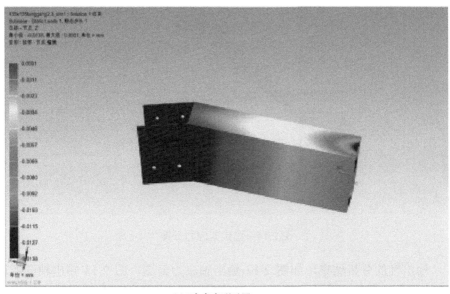

(c) Z方向变形云图

图 2.13　悬臂方管在 X、Y、Z 方向变形云图

表 2.11　悬臂方管极限位置最大应力与位移

名称	最大应力 /MPa	沿 X 方向 最大位移 /mm	沿 Y 方向 最大位移 /mm	沿 Z 方向 最大位移 /mm	最大位移 /mm
悬臂方管	3.212	1.183×10^{-3}	1.375×10^{-3}	0.0001	0.0139

固定架的分析结果，如图 2.14 固定架应力云图、图 2.15 固定架变形云图和图 2.16 固定架在 X、Y、Z 方向变形云图所示。固定架的分析结果如表 2.12 所示。由分析结果可知，最大应力发生在倾斜方钢与连接块焊接处，最大应力值远小于材料的屈服极限。最大变形发生在方钢与连接块焊接处，变形量最大为 0.624mm，虽然在固定架焊接处变形量较大，但屈服强度远小于材料屈服极限。固定架上装有腿部辅助吊升绑绳，在顶端位移量增加的情况下，可通过调整绑绳长短进行协调。

图 2.14　固定架应力云图

输出轴的分析结果，如图 2.17 输出轴应力云图，图 2.18 输出轴变形云图和图 2.19 输出轴在 X、Y、Z 方向变形云图所示。输出轴的分析结果如表 2.13 所示。由分析结果可知，最大应力发生在键连接及阶梯轴处，最大应力值远小于材料的屈服极限。最大变形发生在台阶轴处，变形量最大仅为 0.0043mm。输出轴与转动曲柄连接，输出轴变形量决定了转动曲柄转动精度。

输出轴变形量如果过大，将会导致下肢康复过程中产生振动现象；曲柄转速过大时，将给康复过程的下肢带来冲击，导致二次伤害。因此，应该在保证强度的基础上，提高转动精度。

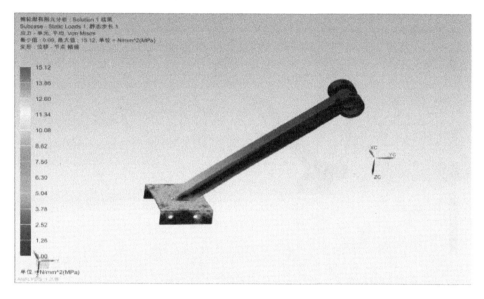

图 2.15　固定架变形云图

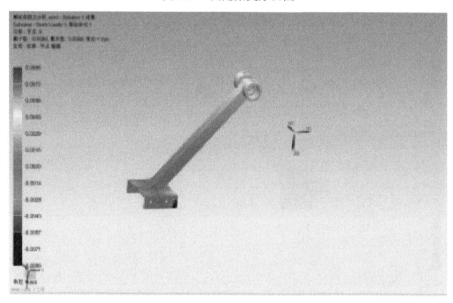

(a) X方向变形云图

图 2.16

顶部为搬运机器人，连杆及框架需要足够的强度和刚度。在实际设计过程中，框架受力复杂，连接方式与固定强度也不同。因此，对框架进行受力分析是十分必要的。

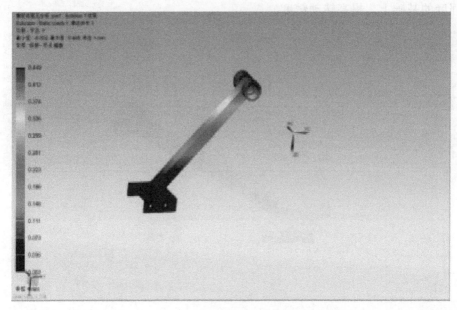

(b) Y方向变形云图

(c) Z方向变形云图

图 2.16　固定架在 X、Y、Z 方向变形云图

表 2.12　固定架极限位置最大应力与位移

名称	最大应力 /MPa	沿 X 方向最大位移 /mm	沿 Y 方向最大位移 /mm	沿 Z 方向最大位移 /mm	最大位移 /mm
固定架	17.71	0.0086	0.449	0.455	0.624

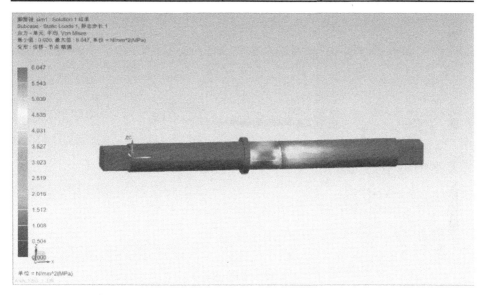

图 2.17　输出轴应力云图

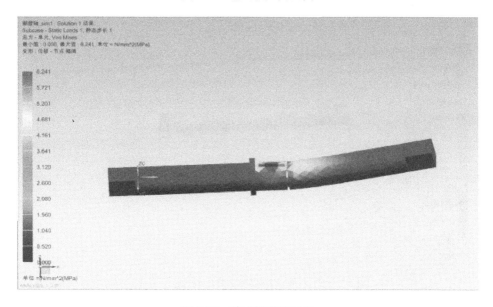

图 2.18　输出轴变形云图

(a) X方向变形云图

(b) Y方向变形云图

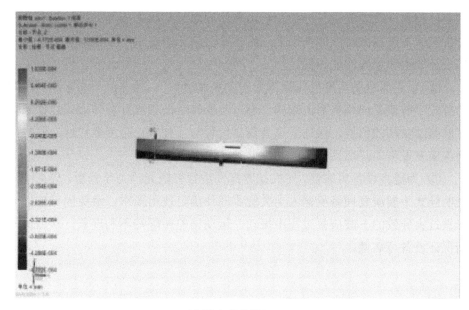

(c) Z 方向变形云图

图 2.19 输出轴在 X、Y、Z 方向变形云图

表 2.13 输出轴极限位置最大应力与位移

名称	最大应力 /MPa	沿 X 方向 最大位移 /mm	沿 Y 方向 最大位移 mm	沿 Z 方向 最大位移 /mm	最大位移 /mm
输出轴	3.212	5.886×10^{-4}	9.682×10^{-4}	1.030×10^{-4}	4.438×10^{-3}

　　利用 UG 软件建立卧式下肢康复训练机器人的关键承载部件（悬臂方管、固定架、输出轴）的有限元模型，得到应力和位移云图。通过对卧式下肢康复训练机器人各零件的静力学分析可以看出，零部件材料的强度均小于材料的屈服极限，具有很大的安全系数，各部件的刚度高，变形量较小。这表明零部件所采用的材料及设计结构强度和刚度均满足要求，验证了卧式下肢康复训练机器人的结构设计可靠性。

2.7 本章小结

① 对运动康复理论中的 Brunnstrom 方法进行深入分析，在此基础上对

康复过程中下肢功能进行分类。给出人体屈曲运动状态下等效机构模型，在分析人体下肢屈曲特性的基础上，给出针对临床的卧式下肢康复训练机器人的设计要求和相关性能指标。

②　以屈曲运动角度变化规律为出发点，提出了一种应用于临床康复初期的卧式下肢康复训练机器人结构，通过改变转动曲柄尺寸与伸缩式悬臂末端下肢蹬踏结构的位置，保证了患者康复位置与下肢运动角度多样性，同时，确保康复过程的舒适性。

③　为提高设备可靠性，对关键零部件进行有限元静力学分析。仿真结果表明卧式下肢康复训练机器人上关键零部件满足使用要求，避免因零部件变形量过大导致的下肢康复过程中振动、运动误差超限等不利现象，从结构方面保证设备可靠性。

第 **3** 章

卧式下肢康复训练机器人 系统运动学与动力学分析

3.1　概述

在卧式下肢康复训练机器人使用过程中，运动学与动力学分析和求解既是结构设计的基础，也是进行性能分析和实现控制的前提。本章研究从人体下肢的生理结构中提取与人体下肢运动功能等效的运动学模型，进而准确模拟转动曲柄和康复位置变化时下肢膝关节与髋关节运动关节角度范围内的可达空间，合理确定康复机器人的物理参数，给出机器人结构参数影响下肢关节角度的内在变化规律。利用拉格朗日法建立人体下肢动力学和人机系统动力学模型，揭示卧式下肢康复训练机器人与人体运动特征匹配度的内在关系，通过 Adams 与 Matlab 联合仿真分析，获得康复过程中人机系统的动力学参数，为制定有效的康复策略和控制策略提供理论依据。

3.2　人机系统运动学分析

建立的康复过程中人体下肢与康复机器人仿真三维模型如图 3.1 所示，

观察人体下肢大腿、小腿部分在进行康复训练过程中在间隔 90°位置时髋关节及膝关节运动状态。人体腿部结构康复过程等效结构，如图 3.2 所示。大腿的股骨、小腿的胫骨与机器人的下肢回转机构可等效成一套闭式四杆机构，通过机器人下肢 1 个自由度的回转机构的运动，带动髋关节和膝关节进行屈曲康复训练，以及踝关节跖屈和背屈康复训练，进而实现对双下肢的康复训练。在分析简化四杆机构中杆件之间角度变化的基础上，给出下肢康复运动过程中各关节角度变化规律，从而满足下肢康复训练过程中关节角度要求。

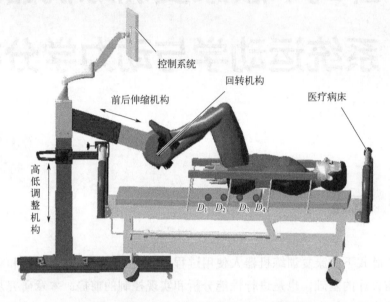

图 3.1 卧式下肢康复训练机器人三维结构

3.2.1 人机系统运动学建模

患者使用卧式下肢康复训练机器人进行康复训练过程中，下肢回转机构与人体下肢大腿、小腿部分构成了平面四杆机构简图（图 3.2）。A、B、C、D 分别代表曲柄转动中心、踏板转动中心、膝关节、髋关节；曲柄 AB 长度为 l_1，与水平轴线夹角为 θ_1，围绕 A 点匀速转动；髋关节与回转机构中心之间距离与位置不变，定义机架长度为 l_4，且机架 AD 与 X 轴重合；小腿胫骨长度与踝关节长度整体等效为连杆 BC，长度为 l_2；大腿股骨等效为摇杆 CD，长度为 l_3，CD 与水平方向夹角为 θ_3，BC 与水平轴线夹角定义为 θ_2，BC 与

CD 夹角为膝关节夹角 θ_4。建立四杆机构数学模型,推导出膝关节和髋关节角度、膝关节角速度和角加速度与曲柄位置之间的函数关系。

康复机器人带动下肢进行康复训练的过程,主要以整周回转运动为主(非整周运动也仅是整周运动一部分),因此曲柄机构带动腿部康复运动,整体结构可等效为四杆机构中的曲柄摇杆机构,机构输入输出的函数关系式可表示为:

$$R_2 + R_3 - R_1 - R_4 = 0 \tag{3-1}$$

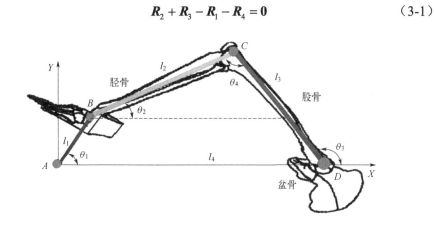

图 3.2　人体腿部结构康复过程等效图

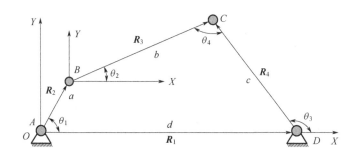

图 3.3　下肢康复过程几何模型

然后代入每一个矢量的极坐标复数表示形式,利用图 3.3 中所给出的符号表示杆件的长度:

$$l_1 \mathrm{e}^{\mathrm{j}\theta_1} + l_2 \mathrm{e}^{\mathrm{j}\theta_2} - l_3 \mathrm{e}^{\mathrm{j}\theta_3} - l_4 \mathrm{e}^{\mathrm{j}\theta_4} = 0 \tag{3-2}$$

将式(3-2)转化为直角坐标系形式,如下:

$$l_1\left(\cos\theta_1 + j\sin\theta_1\right) + l_2\left(\cos\theta_2 + j\sin\theta_2\right) - l_3\left(\cos\theta_3 + j\sin\theta_3\right) - l_4\left(\cos\theta_4 + j\sin\theta_4\right) = 0$$

$$(3\text{-}3)$$

展开并分别独立写出实与虚（X 和 Y）两部分的方程。没有运算符 j 的为 X 轴上的分量，而带 j 的是 Y 轴上的分量。

因为 R_1 与 X 轴重合，$\theta_4 = 0$，并消去 j，所以有：

$$\begin{cases} l_1\cos\theta_1 + l_2\cos\theta_2 - l_3\cos\theta_3 - l_4 = 0 \\ l_1\sin\theta_1 + l_2\sin\theta_2 - l_3\sin\theta_3 = 0 \end{cases} \tag{3-4}$$

（1）关节角度求解

因为连杆的长度 l_1、l_2、l_3、l_4 以及此时驱动杆的角度 θ_1 可以根据使用者关节尺寸及驱动速度确定，所以都是已知的，可以得到角度 θ_2、θ_3 和 θ_4（注：$\theta_{i_{1,2}}$ 代表 θ_i 的两个解）。

$$\theta_{3_{1,2}} = 2\arctan\left(\frac{-b \pm \sqrt{b^2 - 4ac}}{2a}\right) \tag{3-5}$$

式中，$a = \cos\theta_1 - K_1 - K_2\cos\theta_1 + K_3$；$b = -2\sin\theta_1$；$c = K_1 - \left(K_2 + 1\right)\cos\theta_1 + K_3$；且有：

$$K_1 = \frac{l_4}{l_1}, \quad K_2 = \frac{l_4}{l_3}, \quad K_2 = \frac{l_1^2 - l_2^2 + l_3^2 + l_4^2}{2l_1l_3}$$

同理，从式（3-4）中消去 θ_3 可以求得 θ_2 的解，如下：

$$\theta_{2_{1,2}} = 2\arctan\left(\frac{-e \pm \sqrt{e^2 - 4df}}{2d}\right) \tag{3-6}$$

式中，$d = \cos\theta_1 - K_1 + K_4\cos\theta_1 + K_5$；$e = -2\sin\theta_1$；$f = K_1 + \left(K_4 - 1\right)\cos\theta_1 + K_5$；且有：

$$K_1 = \frac{l_4}{l_1}, \quad K_4 = \frac{l_4}{l_2}, \quad K_5 = \frac{l_3^2 - l_1^2 - l_2^2 - l_4^2}{2l_1l_2}$$

$$\theta_4 = \theta_3 - \theta_2 \tag{3-7}$$

因为 θ_3 与 θ_2 已经求得，所以可得膝关节夹角 θ_4。

（2）关节角速度求解

将式（3-2）对时间求导得到速度：

$$jl_1\mathrm{e}^{j\theta_1}\frac{\mathrm{d}\theta_1}{\mathrm{d}t}+jl_2\mathrm{e}^{j\theta_2}\frac{\mathrm{d}\theta_2}{\mathrm{d}t}-jl_3\mathrm{e}^{j\theta_3}\frac{\mathrm{d}\theta_3}{\mathrm{d}t}=0 \qquad (3\text{-}8)$$

因为

$$\frac{\mathrm{d}\theta_1}{\mathrm{d}t}=\omega_1;\quad \frac{\mathrm{d}\theta_2}{\mathrm{d}t}=\omega_2;\quad \frac{\mathrm{d}\theta_3}{\mathrm{d}t}=\omega_3$$

所以有：

$$jl_1\omega_1\mathrm{e}^{j\theta_1}+jl_2\omega_2\mathrm{e}^{j\theta_2}-jl_3\omega_3\mathrm{e}^{j\theta_3}=0 \qquad (3\text{-}9)$$

求导得到的速度公式 [式（3-8）] 也可以写成：

$$V_B+V_{CB}-V_C=0 \qquad (3\text{-}10)$$

式中，$V_B=jl_1\omega_1\mathrm{e}^{j\theta_1}$；$V_{CB}=jl_2\omega_2\mathrm{e}^{j\theta_2}$；$V_C=jl_3\omega_3\mathrm{e}^{j\theta_3}$。

V_B 是图中点 B 的线速度；V_C 是点 C 的线速度；而 V_{CB} 则是点 C 相对于点 B 的速度差，称为 "C 对 B 的相对速度"。

从式（3-8）可以得到角速度 ω_2 和 ω_3 的表达式如下：

$$\begin{cases}\omega_2=\dfrac{l_1\omega_1}{l_2}\times\dfrac{\sin(\theta_3-\theta_1)}{\sin(\theta_2-\theta_3)}\\[3mm]\omega_3=\dfrac{l_1\omega_1}{l_3}\times\dfrac{\sin(\theta_1-\theta_2)}{\sin(\theta_3-\theta_2)}\end{cases} \qquad (3\text{-}11)$$

在计算之前，首先完成位置分析，因为速度取决于位置数据，由杆长和已知的驱动角度 ω_1 计算得到 ω_2 和 ω_3，就可通过式（3-12）算出线速度：

$$\begin{cases}V_B=l_1\omega_1\left(-\sin\theta_1+j\cos\theta_1\right)\\ V_{CB}=l_2\omega_2\left(-\sin\theta_2+j\cos\theta_2\right)\\ V_C=l_3\omega_3\left(-\sin\theta_3+j\cos\theta_3\right)\end{cases} \qquad (3\text{-}12)$$

利用不同的 θ_1、θ_2 和 θ_3 可以求出相应解。

（3）求关节的加速度

由式（3-9）通过求导获得加速度表达式：

$$\left(j^2l_1\omega_1^2\mathrm{e}^{j\theta_1}+jl_1\alpha_1\mathrm{e}^{j\theta_1}\right)+\left(j^2l_2\omega_2^2\mathrm{e}^{j\theta_2}+jl_2\alpha_2\mathrm{e}^{j\theta_2}\right)-\left(j^2l_3\omega_3^2\mathrm{e}^{j\theta_3}+jl_3\alpha_3\mathrm{e}^{j\theta_3}\right)=0 \qquad (3\text{-}13)$$

化简合并后得：

$$\left(l_1\alpha_1\mathrm{je}^{\mathrm{j}\theta_1} - l_1\omega_1^2\mathrm{e}^{\mathrm{j}\theta_1}\right) + \left(l_2\alpha_2\mathrm{je}^{\mathrm{j}\theta_2} - l_2\omega_2^2\mathrm{e}^{\mathrm{j}\theta_2}\right) - \left(l_3\alpha_3\mathrm{je}^{\mathrm{j}\theta_3} - l_3\omega_3^2\mathrm{e}^{\mathrm{j}\theta_3}\right) = 0$$

$$(3\text{-}14)$$

式（3-14）是加速度的微分方程，也可以写成：

$$\boldsymbol{\alpha}_B + \boldsymbol{\alpha}_{CB} - \boldsymbol{\alpha}_C = \boldsymbol{0} \qquad (3\text{-}15)$$

式中，$\boldsymbol{\alpha}_B$ 和 $\boldsymbol{\alpha}_C$ 分别是点 B 和点 C 的线加速度；$\boldsymbol{\alpha}_{CB}$ 是 C 相对于 B 的相对加速度。每个矢量都可以分解成切向和法向两个分量：

$$\boldsymbol{\alpha}_B = \boldsymbol{\alpha}_B^\tau + \boldsymbol{\alpha}_B^n = l_1\alpha_1\mathrm{je}^{\mathrm{j}\theta_1} - l_1\omega_1^2\mathrm{e}^{\mathrm{j}\theta_1}$$

$$\boldsymbol{\alpha}_{CB} = \boldsymbol{\alpha}_{CB}^\tau + \boldsymbol{\alpha}_{CB}^n = l_2\alpha_2\mathrm{je}^{\mathrm{j}\theta_2} - l_2\omega_2^2\mathrm{e}^{\mathrm{j}\theta_2}$$

$$\boldsymbol{\alpha}_C = \boldsymbol{\alpha}_C^\tau + \boldsymbol{\alpha}_C^n = l_3\alpha_3\mathrm{je}^{\mathrm{j}\theta_3} - l_3\omega_3^2\mathrm{e}^{\mathrm{j}\theta_3}$$

同时求得：

$$\begin{cases} \alpha_2 = \dfrac{CD - AF}{AE - BD} \\[2mm] \alpha_3 = \dfrac{CE - BF}{AE - BD} \end{cases} \qquad (3\text{-}16)$$

式中，$A = l_3\sin\theta_3$；$B = l_2\sin\theta_2$；$C = l_1\alpha_1\sin\theta_1 + l_1\omega_1^2\cos\theta_1 + l_2\omega_2^2\cos\theta_2 - l_3\omega_3^2\cos\theta_3$；$D = l_3\cos\theta_3$；$E = l_2\cos\theta_2$；$F = l_1\alpha_1\cos\theta_1 - l_1\omega_1^2\sin\theta_1 - l_2\omega_2^2\sin\theta_2 + l_3\omega_3^2\sin\theta_3$。

得到 α_2 和 α_3 后即可通过欧拉恒等式得到线加速度。

$$\begin{cases} \boldsymbol{\alpha}_B = l_1\alpha_1\left(-\sin\theta_1 + \mathrm{j}\cos\theta_1\right) - l_1\omega_1^2\left(\cos\theta_1 + \mathrm{j}\sin\theta_1\right) \\ \boldsymbol{\alpha}_{CB} = l_2\alpha_2\left(-\sin\theta_2 + \mathrm{j}\cos\theta_2\right) - l_2\omega_2^2\left(\cos\theta_2 + \mathrm{j}\sin\theta_2\right) \\ \boldsymbol{\alpha}_C = l_3\alpha_3\left(-\sin\theta_3 + \mathrm{j}\cos\theta_3\right) - l_3\omega_3^2\left(\cos\theta_3 + \mathrm{j}\sin\theta_3\right) \end{cases} \qquad (3\text{-}17)$$

利用卧式下肢康复训练机器人进行康复运动过程中，曲柄 AB 做匀速周转运动，运动范围在 $0\sim 2\pi$ 之间变化，由式（3-4）和式（3-5）可知膝关节夹角 θ_4、髋关节与水平面夹角摆动角 θ_3 也是周期函数，本书主要分析 θ_3 和 θ_4 在曲柄做匀速周转运动情况下的周期运动特性。膝关节角度分析中确定髋关节主动屈曲状态下膝关节被动屈曲幅度最大为 $140°$，考虑康复过程中胫骨需要进行屈曲运动以及使用安全性，取胫骨与股骨之间夹角最小为 $40°$，所以运动范围取为 $40° \leqslant \theta_4 \leqslant 180°$。患者在康复过程中需要卧在床上使用卧式下肢康复训练机器人，康复过程中膝关节处于屈曲状态。前文中给出膝关节处于屈曲位时髋关节的屈曲的幅度可以达到145°，出于安全考虑，取股骨与躯干之间主动屈曲范围为40°≤θ_3≤180°。

3.2.2　人机系统运动学仿真

患者在卧床时使用卧式下肢康复训练机器人进行康复运动过程中，通过改变患者使用位置，及改变连杆l_4的长度，可以使膝关节夹角θ_4产生不同的轨迹。同时，根据第2章所述，设计的卧式下肢康复训练机器人转动曲柄结构长短可以根据康复需求调整，因此通过改变回转机构中曲柄l_1的长度，也可以使膝关节与髋关节角度产生不同的轨迹。为了更加直观、详细地分析各因素对髋、膝关节运动的影响，通过分析患者在康复过程中不同角度、加速度和加速度曲线轨迹下舒适程度，为每一位病人设定合理康复方案，进而用于设计有效康复的控制系统。本节对康复位置及转动曲柄尺寸变化逐一进行仿真分析。

（1）康复位置变化分析

图3.4中，中间位置D的长度l_4=600mm，在选择l_4长度时要考虑的关键因素是连杆l_2与l_3之间膝关节夹角轨迹的显著差异。临床康复过程中，小腿与大腿之间夹角加速度［(°)/s²］应尽量最小，即大腿与小腿相对运动过程的平稳性有利于腿部康复。为了确定其在可接受的范围内，选择2.3节中人体测量数据作为分析参数，小腿的长度平均为 440mm，大腿的长度平均为465mm，因此l_2=440mm 和l_3=465mm，回转机构中曲柄l_1的长度为150mm。以曲柄与X轴重合时为初始位置，设定曲柄以ω_0=15r/min速度顺时针旋转，

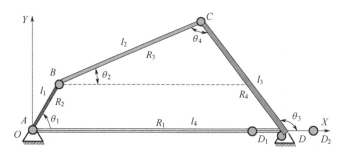

图3.4　患者不同卧姿位置时结构图

仿真时间为4s，对所设定的3个不同位置 D 点进行了综合分析，3个位置平均间隔为100mm。

图 3.5（a）中，患者膝关节角度曲线随着卧姿位置 l_4 的增大而整体上移。处于起始位置 D_1 时，起始角度从 45.3° 增加至 91.7°。处于设定极限位置 D_2 时，膝关节起始角度从 74.7° 增加至 139.8°。

图 3.5（b）中，患者髋关节与躯干间角度曲线随着卧姿位置 l_4 的增大而整体上移。处于起始位置 D_1 时，髋关节与躯干间角度从 104.7° 增加至 145.2°。处于设定极限位置 D_2 时，髋关节与躯干间角度从 123.3° 增加至 162.8°。

图 3.5（c）中，患者膝关节角速度曲线随着卧姿位置 l_4 的改变而呈现规律变化。随着卧姿位置 l_4 的增大，膝关节角速度增大。处于设定位置 D_1 时，最大角速度为 45.1(°)/s。处于设定极限位置 D_2 时，最大角速度为 61.6(°)/s。

图 3.5（d）中，患者髋关节角速度曲线随着卧姿位置 l_4 的改变而呈现规律变化。随着卧姿位置 l_4 的增大，髋关节角速度变小，但变化不明显。处于设定位置 D_1 时，最大角速度为 40.3°/s。处于设定极限位置 D_2 时，最大角速度为 33.5°/s。

图 3.5（e）中，患者膝关节角加速度曲线最大值随着卧姿位置 l_4 的增大而增大，且随着卧姿位置 l_4 的增大，膝关节角加速度突变越来越明显。处于设定位置 D_1 时，转动曲柄处于起始位置时角加速度取最大值，为 72.8°/s^2。处于设定极限位置 D_2 时，转动曲柄处于 180° 时角加速度取最大值，为 -112.4°/s^2。

图 3.5（f）中，患者髋关节角加速度曲线随着卧姿位置 l_4 的增大，角加速度极限（最大）值均处在转动曲柄35°至36°之间位置。处于设定位置 D_1 时，转动曲柄处于 35° 时角加速度取最大值，为 82.9°/s^2。处于设定极限位置 D_2 时，转动曲柄处于 36° 时角加速度取最大值，为 62°/s^2。

综上，膝关节的角度变化曲线、角速度曲线、角加速度曲线分别如图 3.5（a）、（c）、（e）所示，通过康复位置变化生成不同曲线。图中随着康复过程中患者与设备使用位置逐渐远离，膝关节角度逐渐增大，角速度变化范围也逐渐增大，在往复运动时间不变的情况下，患者与使用设备之间使用距离越大，角加速度突变现象越明显。康复位置在 D_1 与 D_2 之间调整，膝关节角度可以实现 45.3°～139.8°的调整，髋关节与躯干夹角角度可以实现 104.7°～162.8°之间的调整，对照 3.1 节中给出的关节屈曲角度范围分析数据，可知该范围在人体膝关节与髋关节屈曲运动允许范围内，上限距离肢体运动极限有较大余量，下限角度余量较小。分析结果表明：过于靠近设备，会导致膝关节夹角变小，康复运动过程会对下肢产生损伤。

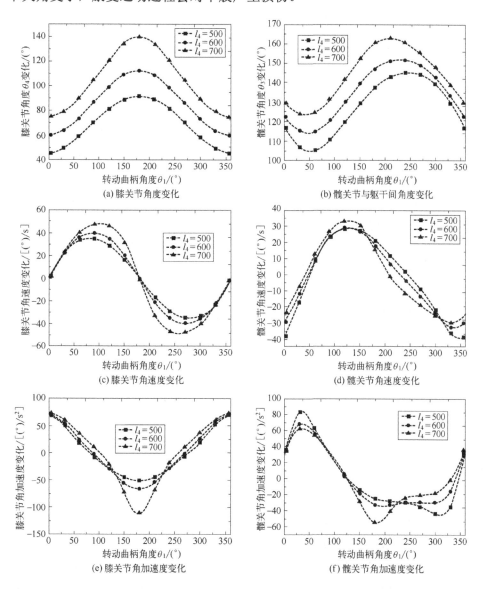

图 3.5　不同卧床康复位置下，膝、髋关节活动度变化曲线

　　膝关节的角度变化曲线、角速度曲线、角加速度曲线分别如图 3.5（b）、
（d）、（f）所示。随着康复过程中患者与设备使用位置逐渐接近，髋关节与躯
干之间夹角逐渐变小，代表髋关节摆动角度逐渐增加。髋关节与躯干之间角
度可以实现17.2°～75.3°之间的调整，对照2.1节中的关节屈曲角度分析数据，

在人体髋关节屈曲运动允许范围（0°～145°）内，且距离肢体运动极限有较大余量，不会在康复运动过程中产生损伤。

（2）转动曲柄尺寸变化分析

根据结构设计，转动曲柄可安装在 3 个不同位置，3 个位置上转动曲柄长度分别为 l_{11}=100mm、l_{12}=150mm、l_{13}=200mm，分析其对膝、髋关节运动的影响，l_4 选定中间位置长度 600mm，l_2=440mm 和 l_3=465mm 长度不变与不同卧床康复位置变化分析时选定尺寸相同。以曲柄与 X 轴重合时为初始位置，设定曲柄以 ω_0=15r/min 角速度顺时针旋转，仿真时间为 4s，分析结果如图 3.6 所示。

图 3.6（a）中，患者膝关节角度变化范围随着转动曲柄 l_1 的增大而增加，极限（最大）角度随之明显增加。转动曲柄尺寸定为 100mm 时，起始角度从 67°增加至 101°。转动曲柄尺寸定为 200mm 时，起始角度从 52°增加至 124°。

图 3.6（b）中，患者髋关节与躯干角度变化范围随着转动曲柄 l_1 的增大而增加，极限（最大）角度随之明显增加。转动曲柄尺寸定为 100mm 时，起始角度从 120°增加至 145°。 转动曲柄尺寸定为 200mm 时，起始角度从 107°增加至 158°。

图 3.6（c）中，患者膝关节角速度最大值随着转动曲柄 l_1 增加而增大。转动曲柄尺寸定为 100mm 时，最大角速度为 26.5°/s。转动曲柄尺寸定为 200mm 时，最大角速度为 52.8°/s。

图 3.6（d）中，患者髋关节角速度最大值随着转动曲柄 l_1 增加而增大。转动曲柄尺寸定为 100mm 时，最大角速度为 19.4°/s。转动曲柄尺寸定为 200mm 时，最大角速度为-44.7°/s。

图 3.6（e）中，患者膝关节角加速度曲线最大值随着转动曲柄 l_1 增大而增大，且随着转动曲柄 l_1 的增大，膝关节角加速度最大值突变越来越明显。转动曲柄尺寸定为 100mm 时，转动曲柄处于起始位置时角加速度取最大值，为 45°/s²。转动曲柄尺寸定为 200mm 时，转动曲柄处于起始位置时角加速度取最大值，为 104°/s²。且随着转动曲柄尺寸增加，转动曲柄转动角度处于 180°时加速度突变越来越明显。

图 3.6（f）中，患者髋关节角加速度曲线最大值随着转动曲柄 l_1 增大而增大，且随着转动曲柄 l_1 的增大，髋关节角加速度突变越来越明显。转动曲柄尺寸定为 100mm 时，转动曲柄处于起始位置时角加速度最大，角加速度最大值为 39°/s²。转动曲柄尺寸定为 200mm 时，转动曲柄处于起始位置时角

加速度最大，角加速度最大值为 108°/s²。且随着转动曲柄尺寸增加，转动曲柄转动角度处于 29°时加速度突变越来越明显。

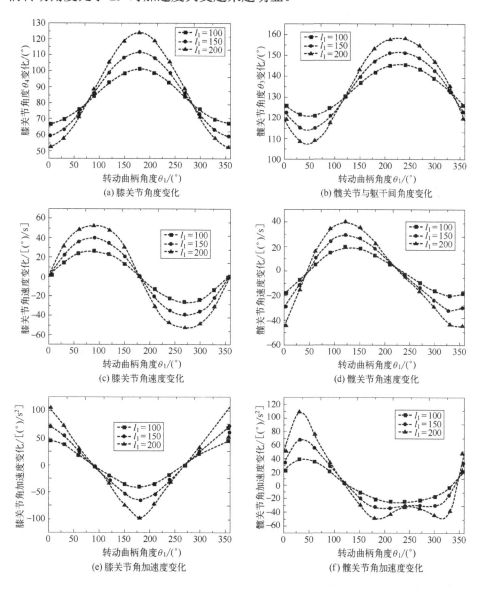

图 3.6　不同转动曲柄尺寸下，膝、髋关节活动度变化曲线

综上所述，膝关节与髋关节的角度变化曲线、角速度曲线、角加速度曲线，分别如图 3.6（a）～（f）所示，图中随着转动曲柄 l_1 设定尺寸增大，膝关节与髋关节角度、角速度和角加速度极限值均增加，且变化范围也逐渐增

大。转动曲柄变化越大，角加速度突变现象越明显。转动曲柄在100～200mm之间调整时，膝关节角度可以实现52°～124°之间的调整，髋关节与躯干夹角角度可以实现107°～158°之间的调整，对照3.1节中的关节屈曲角度范围分析数据，可知该范围在人体膝关节与髋关节屈曲运动允许范围内。分析结果表明：增大转动曲柄尺寸可以增大膝关节与髋关节康复角度，但增加超过一定程度会导致膝关节与髋关节角加速度增大明显，会产生过大冲击，康复运动过程会对下肢产生二次损伤。

3.3 人机系统动力学分析

经历偏瘫、脑卒中、中枢神经损伤等疾病后，大部分患者主要在神经中枢或传导系统方面发生损伤，康复过程中经常伴有肌肉萎缩、关节僵硬等异常运动模式的发生，会导致下肢关节的受力发生很大变化，需要对患肢进行动力学分析，使治疗师掌握患者恢复过程中肢体的受力情况。一方面，根据人体生物力学数据来评估患者康复训练的安全性和舒适性；另一方面，还要制定有效的康复策略，以缓解和消除肢体的痉挛状态，让患者获得正常的行走功能。对下肢进行动力学分析，求解驱动力和力矩，为驱动电机选型和进行力控制提供理论依据。本节将研究基于拉格朗日法的下肢动力学建模，为卧式下肢康复训练机器人系统动力学方法的研究提供参考。

3.3.1 拉格朗日动力学分析

（1）拉格朗日动力学

拉格朗日动力学的本质是把整个系统看作一个整体，通过功、能关系转换的方式来映射系统动力学问题，它是一种基于对能量进行讨论的动力学方法。本书把整个下肢康复过程中的人机系统看作一个整体，通过人机系统功能关系转换的方式，来映射康复过程人机系统动力学问题。通过拉格朗日动力学方程，可清晰地反映下肢康复过程中系统能量间的转换过程。

（2）拉格朗日方程

拉格朗日方程是通过分析力学的方法以广义坐标来映射机构的运动。拉格朗日方程的一般形式可以表示为：

$$\frac{\mathrm{d}}{\mathrm{d}t}\left(\frac{\partial L}{\partial \dot{\theta}_i}\right)-\frac{\partial L}{\partial \theta_i}=Q_i \quad (i=1,2,\cdots,n) \tag{3-18}$$

$$L=K-P \tag{3-19}$$

式（3-18）中，Q_i 通常指系统的驱动力；θ_i 为线位移或角位移；n 为自由度数。式（3-19）为 Lagrange 函数，其中，K 为动能，P 为势能。

系统中总能量包括动能和势能。其中，第 i 个连杆的动能 k_i 可以表示为：

$$k_i=\frac{1}{2}m_i v_{C_i}^2+\frac{1}{2}\omega_i^2 I_i \tag{3-20}$$

式中，m_i 为第 i 个连杆的质量；v_{C_i} 为第 i 个连杆质心的线速度；ω_i 为第 i 个连杆的角速度；I_i 为第 i 个连杆质心的惯性张量。

通过式（3-20）可以得到系统的总动能为：

$$K=\sum_{i=1}^{n}k_i \tag{3-21}$$

式中，n 为连杆总数。

式（3-20）中的 v_{C_i} 和 ω_i 是关于 $\boldsymbol{\Theta}$ 和 $\dot{\boldsymbol{\Theta}}$ 的函数。当连杆的运动为移动时，$\boldsymbol{\Theta}$ 和 $\dot{\boldsymbol{\Theta}}$ 分别表示位移和线速度；当连杆的运动为转动时，$\boldsymbol{\Theta}$ 和 $\dot{\boldsymbol{\Theta}}$ 分别表示角位移和角速度。由此，系统的动能可以改为：

$$K(\boldsymbol{\Theta},\dot{\boldsymbol{\Theta}})=\frac{1}{2}\dot{\boldsymbol{\Theta}}^{\mathrm{T}}M(\boldsymbol{\Theta})\dot{\boldsymbol{\Theta}} \tag{3-22}$$

式中，$M(\boldsymbol{\Theta})$ 为 $n\times n$ 系统的质量矩阵。由于系统的总动能为恒正值，所以 $M(\boldsymbol{\Theta})$ 为正定矩阵。

第 i 个连杆的势能 p_i 可以表示为：

$$p_i=m_i\boldsymbol{g}\cdot\boldsymbol{h}_i \tag{3-23}$$

式中，$\boldsymbol{g}$ 为 3×1 的重力矢量；$\boldsymbol{h}_i$ 是位于第 i 个连杆质心矢量。系统的总势能可以表示为：

$$P=\sum_{i=1}^{n}p_i \tag{3-24}$$

由于式（3-23）中 $\boldsymbol{h}_i$ 是关于 $\boldsymbol{\Theta}$ 的函数，因此系统的势能可以表示为 $P(\boldsymbol{\Theta})$，故可将式（3-19）表示的 Lagrange 函数表示为：

$$\zeta(\boldsymbol{\Theta},\dot{\boldsymbol{\Theta}})=K(\boldsymbol{\Theta},\dot{\boldsymbol{\Theta}})-P(\boldsymbol{\Theta}) \tag{3-25}$$

则系统的运动方程为：

$$\frac{\mathrm{d}}{\mathrm{d}t}\left(\frac{\partial \zeta}{\partial \dot{\boldsymbol{\Theta}}}\right)-\frac{\partial \zeta}{\partial \boldsymbol{\Theta}}=\boldsymbol{\tau} \tag{3-26}$$

式中，$\boldsymbol{\tau}$ 为 $n \times 1$ 的驱动力矢量。根据式（3-25）和式（3-26）可将方程改写为：

$$\frac{\mathrm{d}}{\mathrm{d}t}\left(\frac{\partial K(\boldsymbol{\Theta},\dot{\boldsymbol{\Theta}})}{\partial \dot{\boldsymbol{\Theta}}}\right)-\frac{\partial K(\boldsymbol{\Theta},\dot{\boldsymbol{\Theta}})}{\partial \boldsymbol{\Theta}}+\frac{\partial P(\boldsymbol{\Theta})}{\partial \boldsymbol{\Theta}}=\boldsymbol{\tau} \tag{3-27}$$

通过式（3-27）可以看出，拉格朗日方程式描述的是系统的驱动力和运动之间的关系。

（3）状态、形位空间方程

拉格朗日方程中，通过忽略一些参数的方式可获得系统的特殊性质，而系统的特殊性质可以用状态空间方程和形位空间方程来表征。

通过拉格朗日方程对系统进行分析时，可将动力学方程改写为：

$$\boldsymbol{\tau}=M(\boldsymbol{\Theta})\ddot{\boldsymbol{\Theta}}+V(\boldsymbol{\Theta},\dot{\boldsymbol{\Theta}})+G(\boldsymbol{\Theta}) \tag{3-28}$$

式（3-28）即为状态空间方程。其中，$M(\boldsymbol{\Theta})$ 为系统的 $n \times n$ 质量矩阵；$V(\boldsymbol{\Theta},\dot{\boldsymbol{\Theta}})$ 为 $n \times 1$ 的离心力和哥氏力矢量；$G(\boldsymbol{\Theta})$ 为 $n \times 1$ 的重力矢量。离心力和哥氏力矢量是由位置和速度决定的。

状态空间方程中，$M(\boldsymbol{\Theta})$ 和 $G(\boldsymbol{\Theta})$ 表示的是关于系统所有关节位置 $\boldsymbol{\Theta}$ 的函数，而 $V(\boldsymbol{\Theta},\dot{\boldsymbol{\Theta}})$ 表示的是关于系统所有关节位置 $\boldsymbol{\Theta}$ 和速度 $\dot{\boldsymbol{\Theta}}$ 的函数。

如果将离心力和哥氏力矢量 $V(\boldsymbol{\Theta},\dot{\boldsymbol{\Theta}})$ 写成如下形式：

$$\boldsymbol{\tau}=M(\boldsymbol{\Theta})\ddot{\boldsymbol{\Theta}}+B(\boldsymbol{\Theta})[\dot{\boldsymbol{\Theta}}\dot{\boldsymbol{\Theta}}]+C(\boldsymbol{\Theta})[\dot{\boldsymbol{\Theta}}^{2}]+G(\boldsymbol{\Theta}) \tag{3-29}$$

$$[\dot{\boldsymbol{\Theta}}\dot{\boldsymbol{\Theta}}]=\begin{bmatrix} \dot{\theta}_1\dot{\theta}_2 & \dot{\theta}_1\dot{\theta}_3 & \cdots & \dot{\theta}_{n-1}\dot{\theta}_n \end{bmatrix}^{\mathrm{T}} \tag{3-30}$$

$$[\dot{\boldsymbol{\Theta}}^{2}]=\begin{bmatrix} \dot{\theta}_1^2 & \dot{\theta}_2^2 & \cdots & \dot{\theta}_n^2 \end{bmatrix}^{\mathrm{T}} \tag{3-31}$$

则式（3-29）即为形位空间方程。其中，$B(\boldsymbol{\Theta})$ 为 $n \times n(n-1)/2$ 阶的哥氏力系数矩阵；$C(\boldsymbol{\Theta})$ 为 $n \times n$ 阶的离心力系数矩阵。

形位空间方程是关于系统位置的函数，它可以通过特征参数来描述系统的位置，并且能够随着系统的运动不断更新，从而实现计算机的实时控制。

3.3.2　人体下肢拉格朗日动力学模型

下肢康复运动过程中，双腿进行对称运动，以下肢康复运动单侧运动过程为例，对其进行动力学建模。下肢进行卧式康复训练过程中转动曲柄和人体下肢可以简化为曲柄摇杆机构模型，分析人体下肢康复过程人机动力学模型，即分析等效连杆机构，角度和杆长设定参数与前面运动学分析时设定一致。如图 3.7 所示，转动曲柄与髋关节转动中心距离是 l_4，因其为固定杆，不考虑其动力学特性；S_{C1} 代表曲柄质心位置，质量为 m_1；S_{P1} 代表人体下肢小腿与踝部整体质心位置，质量为 m_2；S_{P2} 位置是人体下肢大腿质心位置，质量为 m_3；l_{C1} 表示曲柄质心相对于转动中心距离；l_{P2} 代表小腿与踝部整体质心相对于踏板转动中心距离；l_{P3} 代表大腿质心相对于髋关节距离。假定关节绕坐标轴正方向逆时针旋转为正。

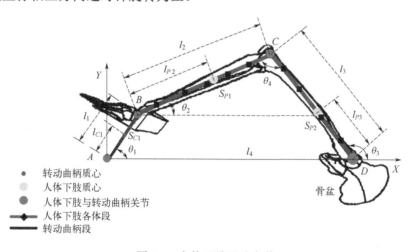

图 3.7　人体下肢运动参数

转动曲柄与人体下肢的各连杆质心位置在基坐标系中可以表示为：

$$\begin{cases} x_{C1} = l_{C1}\cos\theta_1 \\ y_{C1} = l_{C1}\sin\theta_1 \\ x_{P2} = l_{C1}\cos\theta_1 + l_{P2}\cos\theta_2 \\ y_{P2} = l_{C1}\sin\theta_1 + l_{P2}\sin\theta_2 \\ x_{P3} = l_{C1}\cos\theta_1 + l_{P2}\cos\theta_2 + l_{P3}\cos\theta_3 \\ y_{P3} = l_{C1}\sin\theta_1 + l_{P2}\sin\theta_2 + l_{P3}\sin\theta_3 \end{cases} \tag{3-32}$$

人体下肢/机械腿的各连杆质心速度在基坐标系中可以表示为：

$$
\begin{cases}
\dot{x}_{C1} = -l_{C1}\dot{\theta}_1\sin\theta_1 \\
\dot{y}_{C1} = l_{C1}\dot{\theta}_1\cos\theta_1 \\
\dot{x}_{P2} = -l_{C1}\dot{\theta}_1\sin\theta_1 - l_{P2}\dot{\theta}_2\sin\theta_2 \\
\dot{y}_{P2} = l_{C1}\dot{\theta}_1\cos\theta_1 + l_{P2}\dot{\theta}_2\cos\theta_2 \\
\dot{x}_{P3} = -l_{C1}\dot{\theta}_1\sin\theta_1 - l_{P2}\dot{\theta}_2\sin\theta_2 - l_{P3}\dot{\theta}_3\sin\theta_3 \\
\dot{y}_{P3} = l_{C1}\dot{\theta}_1\cos\theta_1 + l_{P2}\dot{\theta}_2\cos\theta_2 + l_{P3}\dot{\theta}_3\cos\theta_3
\end{cases}
\tag{3-33}
$$

由式（3-20）可以得到转动曲柄（连杆 1）的动能为：

$$
k_1 = \frac{1}{2}m_1v_1^2 + \frac{1}{2}\omega_1^2 I_1 = \frac{1}{2}m_1 l_{C1}^2\dot{\theta}_1^2 + \frac{1}{2}\dot{\theta}_1^2 I_1
\tag{3-34}
$$

式中，ω_1 为连杆转动角速度；v_1 为连杆转动线速度；I 为连杆转动惯量。

小腿与踝部整体（连杆 2）的动能为：

$$
k_2 = \frac{1}{2}m_2v_2^2 + \frac{1}{2}\dot{\theta}_2^2 I_2
\tag{3-35}
$$

其中

$$
v_2^2 = \dot{x}_{P2}^2 + \dot{y}_{P2}^2
\tag{3-36}
$$

将式（3-33）、式（3-36）代入式（3-35）可得：

$$
k_2 = \frac{1}{2}m_2\left(l_{C1}^2\dot{\theta}_1^2 + l_{P2}^2\dot{\theta}_2^2\right) + m_2 l_{C1}l_{P2}\dot{\theta}_1\dot{\theta}_2\left(\sin\theta_1\sin\theta_2 + \cos\theta_1\cos\theta_2\right) + \frac{1}{2}\dot{\theta}_2^2 I_2
\tag{3-37}
$$

大腿（连杆 3）的动能为：

$$
k_3 = \frac{1}{2}m_3v_3^3 + \frac{1}{2}\dot{\theta}_3^2 I_3
\tag{3-38}
$$

其中

$$
v_3^2 = \dot{x}_3^2 + \dot{y}_3^2
\tag{3-39}
$$

将式（3-33）、式（3-39）代入式（3-38）可得：

$$k_3 = \frac{1}{2}m_3\left(l_{C1}^2\dot{\theta}_1^2 + l_{P2}^2\dot{\theta}_2^2 + l_{P3}^2\dot{\theta}_3^2\right)$$
$$+ m_3 l_{C1} l_{P2}\dot{\theta}_1\dot{\theta}_2\left(\sin\theta_1\sin\theta_2 + \cos\theta_1\cos\theta_2\right) + m_3 l_{C1} l_{P3}\dot{\theta}_1\dot{\theta}_3$$
$$\left(\sin\theta_1\sin\theta_3 + \cos\theta_1\cos\theta_3\right) + m_3 l_{P2} l_{P3}\dot{\theta}_2\dot{\theta}_3\left(\sin\theta_2\sin\theta_3 + \cos\theta_2\cos\theta_3\right)$$
$$+\frac{1}{2}\dot{\theta}_3^2 I_3 \tag{3-40}$$

因此，总动能为：

$$K = k_1 + k_2 + k_3$$
$$= \frac{1}{2}\dot{\theta}_1^2\left(m_1 l_{C1}^2 + m_2 l_{C1}^2 + m_3 l_{C1}^2 + I_1\right) + \frac{1}{2}\dot{\theta}_2^2\left(m_2 l_{P2}^2 + m_3 l_{P2}^2 + I_2\right) + \frac{1}{2}\dot{\theta}_3^2\left(m_3 l_{P3}^2 + I_3\right)$$
$$+ \dot{\theta}_1\dot{\theta}_2 l_{C1} l_{P2}\left(m_2 + m_3\right)\cos\left(\theta_1 - \theta_2\right) + \dot{\theta}_1\dot{\theta}_3 l_{C1} l_{P3} m_3\cos\left(\theta_1 - \theta_3\right)$$
$$+ \dot{\theta}_2\dot{\theta}_3 m_3 l_{P2} l_{P3} m_3\cos\left(\theta_2 - \theta_3\right)$$
$$\tag{3-41}$$

由式（3-23）可写出连杆 1 的势能为：

$$p_1 = m_1 g l_{C1}\sin\theta_1 \tag{3-42}$$

连杆 2 的势能为：

$$p_2 = m_2 g\left(l_{C1}\sin\theta_1 + l_{P2}\sin\theta_2\right) \tag{3-43}$$

连杆 3 的势能为：

$$p_3 = m_3 g l_3\sin\theta_3 \tag{3-44}$$

因此，总势能为：

$$P = p_1 + p_2 + p_3 = m_1 g l_{C1}\sin\theta_1 + m_2 g\left(l_{C1}\sin\theta_1 + l_{P2}\sin\theta_2\right) + m_3 g l_3\sin\theta_3 \tag{3-45}$$

人体下肢的连杆模型拉格朗日函数可以表示为：

$$L = K - P \tag{3-46}$$

由于上述势能中不含有速度项，人体下肢康复过程的连杆模型动力学方程可以表示为：

$$\tau = \frac{\mathrm{d}}{\mathrm{d}t}\left(\frac{\partial K(\boldsymbol{\theta},\dot{\boldsymbol{\theta}})}{\partial\dot{\boldsymbol{\theta}}}\right) - \frac{\partial K(\boldsymbol{\theta},\dot{\boldsymbol{\theta}})}{\partial\boldsymbol{\theta}} + \frac{\partial P(\boldsymbol{\theta})}{\partial\boldsymbol{\theta}} \tag{3-47}$$

式中，$\boldsymbol{\theta}$、$\dot{\boldsymbol{\theta}}$ 分别表示人体下肢康复过程连杆模型位置与速度；τ 表示

连杆模型力矩矩阵。

求式（3-41）的偏导数，得：

$$\frac{\partial K}{\partial \dot{\theta}_1} = \dot{\theta}_1\left(m_1 l_{C1}^2 + m_2 l_{C1}^2 + m_3 l_{C1}^2 + I_1\right) + \dot{\theta}_2\left(m_2 l_{P2}^2 + m_3 l_{P2}^2 + I_2\right) + \dot{\theta}_3\left(m_3 l_{P3}^2 + I_3\right) \tag{3-48}$$

$$+ \dot{\theta}_2 l_{C1} l_{P2}\left(m_2 + m_3\right)\cos\left(\theta_1 - \theta_2\right) + \dot{\theta}_3 m_3 l_{C1} l_{P3}\cos\left(\theta_1 - \theta_3\right)$$

$$\frac{\partial K}{\partial \dot{\theta}_2} = \dot{\theta}_1\left(m_1 l_{C1}^2 + m_2 l_{C1}^2 + m_3 l_{C1}^2 + I_1\right) + \dot{\theta}_2\left(m_2 l_{P2}^2 + m_3 l_{P2}^2 + I_2\right) + \dot{\theta}_3\left(m_3 l_{P3}^2 + I_3\right) \tag{3-49}$$

$$+ \dot{\theta}_1 l_{C1} l_{P2}\left(m_2 + m_3\right)\cos\left(\theta_1 - \theta_2\right) + \dot{\theta}_3 m_3 l_{P2} l_{P3}\cos\left(\theta_2 - \theta_3\right)$$

$$\frac{\partial K}{\partial \dot{\theta}_3} = \dot{\theta}_1\left(m_1 l_{C1}^2 + m_2 l_{C1}^2 + m_3 l_{C1}^2 + I_1\right) + \dot{\theta}_2\left(m_2 l_{P2}^2 + m_3 l_{P2}^2 + I_2\right) + \dot{\theta}_3\left(m_3 l_{P3}^2 + I_3\right) \tag{3-50}$$

$$+ \dot{\theta}_1 l_{C1} l_{P3} m_3 \cos\left(\theta_1 - \theta_3\right) + \dot{\theta}_2 m_3 l_{P2} l_{P3}\cos\left(\theta_2 - \theta_3\right)$$

$$\frac{\partial K}{\partial \theta_1} = -\dot{\theta}_1\dot{\theta}_2 l_{C1} l_{P2}\left(m_2 + m_3\right)\sin\left(\theta_1 - \theta_2\right) - \dot{\theta}_1\dot{\theta}_3 m_3 l_{C1} l_{P3}\sin\left(\theta_1 - \theta_3\right) \tag{3-51}$$

$$\frac{\partial K}{\partial \theta_2} = \dot{\theta}_1\dot{\theta}_2 l_{C1} l_{P2}\left(m_2 + m_3\right)\sin\left(\theta_1 - \theta_2\right) - \dot{\theta}_2\dot{\theta}_3 m_3 l_{P2} l_{P3}\sin\left(\theta_2 - \theta_3\right) \tag{3-52}$$

$$\frac{\partial K}{\partial \theta_3} = \dot{\theta}_1\dot{\theta}_3 l_{C1} l_{P2}\left(m_1 + m_3\right)\sin\left(\theta_1 - \theta_3\right) + \dot{\theta}_2\dot{\theta}_3 m_3 l_{P2} l_{P3}\sin\left(\theta_2 - \theta_3\right) \tag{3-53}$$

求式（3-45）的偏导数，得：

$$\frac{\partial P}{\partial \theta_1} = m_1 g l_{C1}\cos\theta_1 + m_2 g l_{C1}\cos\theta_1 \tag{3-54}$$

$$\frac{\partial P}{\partial \theta_2} = m_2 g l_{P2}\cos\theta_2 \tag{3-55}$$

$$\frac{\partial P}{\partial \theta_3} = m_3 g l_3 \cos\theta_3 \tag{3-56}$$

人体下肢康复过程的连杆模型规范动力学方程可以表示为：

$$\boldsymbol{\tau} = M(\boldsymbol{\theta})\ddot{\boldsymbol{\theta}} + B(\boldsymbol{\theta})\left[\dot{\boldsymbol{\theta}}\dot{\boldsymbol{\theta}}\right] + C(\boldsymbol{\theta})\left[\dot{\boldsymbol{\theta}}^2\right] + G(\boldsymbol{\theta}) \tag{3-57}$$

式中，$\boldsymbol{\tau} = [\tau_1, \tau_2, \tau_3]^{\mathrm{T}}$ 表示各连杆关节力矩矢量；$\left[\ddot{\boldsymbol{\theta}}\right] = \left[\ddot{\theta}_1, \ddot{\theta}_2, \ddot{\theta}_3\right]^{\mathrm{T}}$ 表示各连杆关节广义加速度矢量；$\left[\ddot{\boldsymbol{\theta}}\right] = \left[\dot{\theta}_1, \dot{\theta}_2, \dot{\theta}_3\right]^{\mathrm{T}}$ 表示各连杆关节广义速度矢量；$\left[\dot{\boldsymbol{\theta}}^2\right] = \left[\dot{\theta}_1^2, \dot{\theta}_2^2, \dot{\theta}_3^2\right]^{\mathrm{T}}$ 表示各连杆关节速度平方矢量；$\left[\dot{\boldsymbol{\theta}}\dot{\boldsymbol{\theta}}\right] = \left[\dot{\theta}_1\dot{\theta}_2, \dot{\theta}_1\dot{\theta}_3, \dot{\theta}_2\dot{\theta}_3\right]^{\mathrm{T}}$ 表示各连杆关节速度积矢量；$M(\boldsymbol{\theta})$、$B(\boldsymbol{\theta})$、$C(\boldsymbol{\theta})$、$G(\boldsymbol{\theta})$ 分别表示质量矩阵、哥氏系数矩阵、离心系数矩阵和重力项矢量，分别表示为：

$$
\begin{cases}
M(\theta)=\begin{bmatrix} m_{11} & m_{12} & m_{13} \\ m_{21} & m_{22} & m_{23} \\ m_{31} & m_{32} & m_{33} \end{bmatrix}; \quad B(\theta)=\begin{bmatrix} b_{11} & b_{12} & b_{13} \\ b_{21} & b_{22} & b_{23} \\ b_{31} & b_{32} & b_{33} \end{bmatrix} \\[2em]
C(\theta)=\begin{bmatrix} c_{11} & c_{12} & c_{13} \\ c_{21} & c_{22} & c_{23} \\ c_{31} & c_{32} & c_{33} \end{bmatrix}; \quad G(\theta)=\begin{bmatrix} g_1 \\ g_2 \\ g_3 \end{bmatrix}
\end{cases}
\tag{3-58}
$$

式中：

$$ m_{11}=\ddot{\theta}_1\left(m_1 l_{C1}^2+m_2 l_{C1}^2+m_3 l_{C1}^2+I_1\right), \quad m_{12}=0, \quad m_{13}=0 $$

$$ m_{21}=0, \quad m_{22}=m_2 l_{P2}^2+m_3 l_{P2}^2+I_2, \quad m_{23}=0 $$

$$ m_{31}=0, \quad m_{32}=0, \quad m_{33}=m_3 l_{P3}^2+I_3 $$

$$ b_{11}=-2l_{C1}l_{P2}\left(m_2+m_3\right)\sin\left(\theta_1-\theta_2\right), \quad b_{12}=-2l_{C1}l_{P2}\left(m_2+m_3\right)\sin\left(\theta_1-\theta_2\right), \quad b_{13}=0 $$

$$ b_{21}=2l_{C1}l_{P2}\left(m_2+m_3\right)\sin\left(\theta_1-\theta_2\right), \quad b_{22}=0, \quad b_{23}=-2m_3 l_{P2}l_{P3}\sin\left(\theta_2-\theta_3\right) $$

$$ b_{31}=0, \quad b_{32}=2m_3 l_{C1}l_{P3}\sin\left(\theta_1-\theta_3\right), \quad b_{33}=2m_3 l_{P2}l_{P3}\sin\left(\theta_2-\theta_3\right) $$

$$ c_{11}=0, \quad c_{12}=l_{C1}l_{P2}\left(m_2+m_3\right)\sin\left(\theta_1-\theta_2\right), \quad c_{13}=l_{C1}l_{P3}m_3\sin\left(\theta_1-\theta_3\right) $$

$$ c_{21}=l_{C1}l_{P2}\left(m_2+m_3\right)\sin\left(\theta_1-\theta_2\right), \quad c_{22}=0, \quad c_{23}=m_3 l_{P2}l_{P3}\sin\left(\theta_2-\theta_3\right) $$

$$ c_{31}=-l_{C1}l_{P3}m_3\sin\left(\theta_1-\theta_3\right), \quad c_{32}=l_{P2}l_{P3}m_3\sin\left(\theta_2-\theta_3\right), \quad c_{33}=0 $$

$$ g_{11}=m_1 g l_{C1}\cos\theta_1+m_2 g l_{C1}\cos\theta_1, \quad g_{21}=m_2 g l_{P2}\cos\theta_2, \quad g_{31}=m_3 g l_3\cos\theta_3 $$

因采用单自由度曲柄负责驱动，所以在等效连杆模型中，求 τ_1 大小即可，并对其进行分析，即可得到驱动过程动力学特性，为控制系统奠定基础。

3.4 驱动系统动力学建模

康复机器人采用力矩电机+曲齿轮减速器结构，将驱动力传递到转动曲柄上，转动曲柄带动下肢进行康复训练，假定理想情况下，下肢驱动链动力学为：

$$ \tau_{out}=\tau_d / r+I_m\ddot{\theta}_m+B_m\dot{\theta}_m \tag{3-59} $$

式中，τ_{out}、τ_d、r、I_m、θ_m、B_m 分别表示力矩电机轴输出转矩、驱动链输出转矩、传动机构传动比、传动机构转动惯量、电机轴转动角度和电机黏滞阻尼。上节中已经将转动曲柄与人体下肢结合，进行了拉格朗日动力学分析，本节中转动曲柄转动惯量将不作为传动机构转动惯量一部分考虑。

式（3-59）可以表示为：

$$\tau_d = \tau_{out}r - I_m\ddot{\theta}_m r - B_m\dot{\theta}_m r \tag{3-60}$$

电机轴输出转矩 τ_{out} 可以由伺服系统实时测量系统输出电流占额定电流百分比得出；传动机构传动比 r 已确定；传动机构转动惯量 I_m 已确定；电机轴转动角度 θ_m 通过电机后侧绝对编码器测量可得出；电机黏滞阻尼 B_m 为电机基本参数；驱动链输出转矩 τ_d 为曲齿减速器最终输出转矩（即转动曲柄最终输出转矩 τ_1）。

3.5　人机协调动力学建模

在卧式下肢康复训练机器人设计过程中，采用设计的驱动系统可以实时测量工作电流相对额定电流百分比，从而得到实时转矩，建立基于力矩的人机协调动力学模型，结合信息融合技术，可为人机协调控制提供依据。通过实时采集力矩实现转动曲柄的输出运动，基于机构力平衡原理，可得到人机之间的相互作用力。

① 在被动训练阶段，患者完全不用力，全靠卧式下肢康复训练机器人外力带动来完成下肢的康复运动，则相互作用力 F_1 主要用于转动曲柄带动患者肢体，主要克服患者的下肢各体段重力。可以得到人机协调动力学方程为：

$$\begin{cases} \tau_{F_1} = M_1(\boldsymbol{\theta})\ddot{\boldsymbol{\theta}} + B_1(\boldsymbol{\theta})[\dot{\boldsymbol{\theta}}\dot{\boldsymbol{\theta}}] + C_1(\boldsymbol{\theta})[\dot{\boldsymbol{\theta}}^2] + G_1(\boldsymbol{\theta}) \\ \tau_{F_d} = \tau_{out}r - I_m\ddot{\theta}_m r - B_m\dot{\theta}_m r \end{cases} \tag{3-61}$$

式中，$\boldsymbol{\tau}_{F_d}$ 为驱动链输出转矩；$\boldsymbol{\tau}_{F_1}$ 表示被动康复训练过程中伺服系统实时测量的力矩。

② 在助力康复训练阶段，在康复机器人的辅助下，通过患者主动收缩肌肉来完成运动或动作进行康复训练。助力康复要求使患者明确以主动用力为主，要做出最大努力来参与运动，在任何时候都只应给予完成动作所必需的最小助力，尽量避免以助力代替主动用力。则相互作用力提供患者下肢部分重力，完成指定康复任务。此时，患者下肢出现肌力为 F_m，可以得到人机协

调动力学方程为：

$$\begin{cases} \boldsymbol{\tau}_{F_m} + \boldsymbol{\tau}_{F_2} = M_1(\boldsymbol{\theta})\ddot{\boldsymbol{\theta}} + B_1(\boldsymbol{\theta})[\dot{\boldsymbol{\theta}}\dot{\boldsymbol{\theta}}] + C_1(\boldsymbol{\theta})[\dot{\boldsymbol{\theta}}^2] + G_1(\boldsymbol{\theta}) \\ \boldsymbol{\tau}_{F_m} = \boldsymbol{\tau}_{out}r - I_m\ddot{\boldsymbol{\theta}}_m r - B_m\dot{\boldsymbol{\theta}}_m r \end{cases} \tag{3-62}$$

式中，$\boldsymbol{\tau}_{F_2}$ 表示助力康复训练过程中实时测量的力矩信息；$\boldsymbol{\tau}_{F_m}$ 为被动训练阶段人机相互作用力矩与患者主动施加力矩的差。

③ 在阻抗训练阶段，康复患者需要克服转动曲柄上的外来阻力才能完成运动，转动曲柄上相互作用力提供患者下肢反方向阻力 F_3，患者下肢肌力仍设为 F_m，则

$$\begin{cases} \boldsymbol{\tau}_{F_m} - \boldsymbol{\tau}_{F_3} = M_1(\boldsymbol{\theta})\ddot{\boldsymbol{\theta}} + B_1(\boldsymbol{\theta})[\dot{\boldsymbol{\theta}}\dot{\boldsymbol{\theta}}] + C_1(\boldsymbol{\theta})[\dot{\boldsymbol{\theta}}^2] + G_1(\boldsymbol{\theta}) \\ \boldsymbol{\tau}_{F_3} = \boldsymbol{\tau}_{out}r - I_m\ddot{\boldsymbol{\theta}}_m r - B_m\dot{\boldsymbol{\theta}}_m r \end{cases} \tag{3-63}$$

式中，$\boldsymbol{\tau}_{F_m}$ 表示阻抗康复训练过程中实时测量的力矩；$\boldsymbol{\tau}_{F_3}$ 为转动曲柄上相互作用力提供的患者下肢反方向阻力矩。

3.6 人机系统动力学仿真

卧式下肢康复训练机器人控制系统的搭建需要有准确的动力学模型作支撑，为验证动力学模型正确性，对上述动力学模型结果进行仿真验证。为提高动力学仿真模型精度，建立了人体下肢骨骼三维模型。首先通过 Adams 仿真软件对下肢三维模型运动过程进行动力学仿真，在此基础上将 Adams 仿真结果与动力学模型的 Matlab 仿真进行对比分析，通过 Adams 仿真结果对动力学模型的 Matlab 仿真结果进行验证。

（1）Adams 动力学仿真分析

按 2.3 节所述，本书基于人体模型的仿真研究中，均以身高为 H（H=1.75m）、体重为 M（M=75kg）的人体下肢模型进行分析计算。根据表 2.2～表 2.4 所确定尺寸参数，导入 Adams 下肢三维模型设定质量、质心位置等动力学参数，如图 3.8 所示。为给后续控制系统提供更多可参考数据，表 3.1 给出不同身体特征患者下肢参数，根据所给定下肢参数分别对导入 Adams 中的三维数模进行动力学仿真，动力学曲线如图 3.9（a）、（b）、（c）所示。

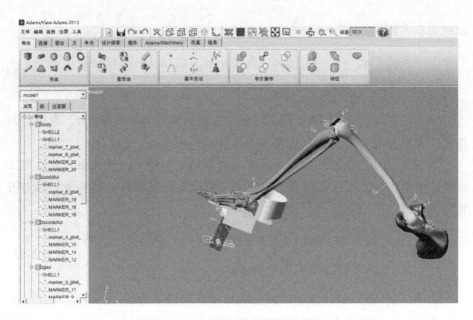

图 3.8　下肢三维模型 Adams 仿真

图 3.9（a）所示为转动曲柄输出力矩曲线，按表 3.1 中第 1、4、7 组数据设定下肢参数进行 Adams 动力学仿真，尺寸不变化，质量变化，设定转速 20r/min，表明随着质量增加，转动曲柄输出力矩变化明显，但不会产生大的突变。

表 3.1　下肢康复过程动力学仿真各参数值

实验组号	l_1/mm	l_2/mm	l_3/mm	l_4/mm	m_1/kg	m_2/kg	m_3/kg
1	150	348	405	500	0.27	5.02	12.06
2	150	448	505	600	0.27	5.02	12.06
3	150	548	605	700	0.27	5.02	12.06
4	150	348	405	500	0.27	4.43	10.64
5	150	448	505	600	0.27	4.43	10.64
6	150	548	605	700	0.27	4.43	10.64
7	150	348	405	500	0.27	3.84	9.22
8	150	448	505	600	0.27	3.84	9.22
9	150	548	605	700	0.27	3.84	9.22

图 3.9（b）所示为转动曲柄输出力矩按表 3.1 中第 1、2、3 组数据设定

下肢参数进行 Adams 动力学仿真曲线，尺寸变化，质量不变，设定转速 20r/min，表明质量不变、尺寸参数变化后，输出转矩可能会产生突变。

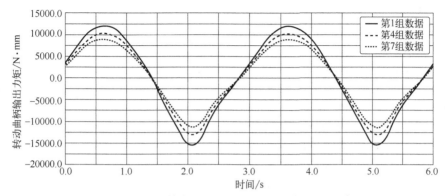

(a) 转速20r/min，第1、4、7组数据动力学仿真

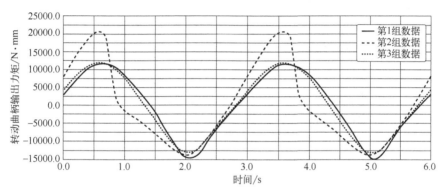

(b) 转速20r/min，第1、2、3组数据动力学仿真

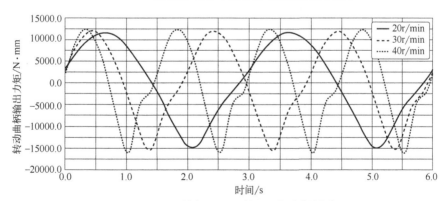

(c) 转速20r/min，第1组数据动力学仿真

图 3.9　转动曲柄输出力矩仿真

图 3.9（c）所示为转动曲柄输出力矩按表 3.1 中第 1 组数据设定下肢参数进行 Adams 动力学仿真曲线，质量和尺寸都不变，设定转速分别为 20r/min、30r/min、40r/min，表明随着转速增加，下肢极限位置加速度会变大，输出转矩随之增加，但变化并不明显。

综合分析可知：在不同使用者进行下肢康复训练过程中，身体尺寸参数差异将会导致系统波动较大，需要控制系统进行调整和优化，以适应不同患者康复需要。

（2）Adams 与 Matlab 仿真对比分析

对人体下肢与转动曲柄构成的拉格朗日动力学模型进行 Matlab 仿真分析，同时将设计的三维模型导入到 Adams 动力学仿真软件中，进行动力学仿真，模型参数均用表 3.1 第 4 组数据。Matlab 仿真与 Adams 动力学仿真对比分析，如图 3.10 所示。图中由拉格朗日法求解出的驱动力矩曲线为理论数据曲线，由 Adams 三维模型仿真求解出的驱动力矩曲线为验证数据曲线。由图可以看出，关节进行被动康复训练过程中，两种动力学分析方法输出的驱动力矩曲线拟合度较高。仿真结果表明了利用拉格朗日法建立的人体下肢动力学模型的正确性，在仿真过程中未考虑外部力扰动，曲线结果平滑；实际康复过程中因外部扰动力较多，力矩曲线将会出现波动。

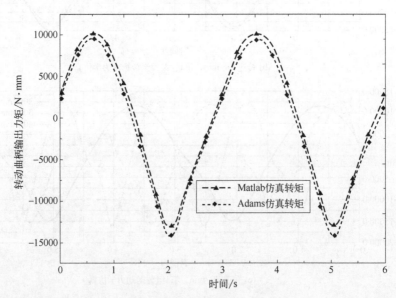

图 3.10　Matlab 仿真与 Adams 仿真对比分析

3.7 本章小结

① 从人体下肢康复运动过程中提取出了人体下肢运动学模型,进而准确模拟转动曲柄和康复位置变化时的下肢膝关节与髋关节关节角度、角速度和角加速度的变化规律,给出机器人结构参数影响下肢关节角度的内在变化规律。

② 利用拉格朗日法建立了人体下肢动力学、人机系统动力学模型和人机协调动力学模型,揭示了卧式下肢康复训练机器人与人体运动特征匹配度的内在关系。

③ 为提高动力学仿真模型精度,建立了人体下肢骨骼三维模型,对 9 组人体下肢参数(具有不同尺寸或质量)进行仿真分析,给出机器人结构参数与人体参数变化下驱动力矩变化规律,并通过 Adams 与 Matlab 的联合仿真对动力学变化规律进行对比分析,为制定有效的康复策略和控制策略提供理论依据。

第 **4** 章

卧式下肢康复训练机器人
控制系统设计与鲁棒性

4.1 概述

患者在不同的康复阶段，对康复训练控制策略有不同需求，提高患者的训练效率对康复机器人控制系统问题的研究具有十分重要的理论和实际意义。初期，患肢没有肌肉收缩，控制系统适合采用被动控制策略；中期，随着患肢肌张力逐渐恢复，控制系统适合采用助力控制策略；后期，肌张力逐渐增强，控制系统适合采用主动阻抗控制策略[69-73]。本章针对不同康复阶段进行分析，设计不同康复阶段康复控制策略。同时，为提高系统鲁棒性，建立传动系统模型，提出基于强跟踪滤波的卧式下肢康复训练机器人控制方法，提高系统响应精度和鲁棒性，满足患者在不同康复阶段的使用需求。

4.2 控制系统硬件组成

卧式下肢康复训练机器人控制系统中有速度传感器和电流传感器，速度监控编码器位于力矩电机后面，电流监控传感器位于设计的驱动器内部。速度编码器采用绝对式编码器，它可以在监视速度的同时监视电机的旋转角度和位置。电流监测传感器可以实时监测力矩电机的电流，从而获得力矩电机的输出转矩。通过速度和电流传感器可实时测量主动和被动康复期间下肢的速度、位置和扭矩，并测量康复治疗师对患者施加的力。驱动器通过控制电机进行运动控制，速度和电流数据通过 RS232 串口实时传输到上位机，采样频率为 50 次/s。

人机界面是康复治疗师与卧式下肢康复训练机器人之间的中央单元。康复治疗师通过人机界面为患者设定被动、主动、智能学习等各类康复训练方案。特别是通过智能学习模式，卧式下肢康复训练机器人能够学习康复治疗师为患者设定的康复动作，并在没有康复治疗师的情况下仿效运行。驱动系统实现实时精确控制，并采用工控一体机作为上位机，通过网络通信接口与驱动器连接，将控制代码传输到驱动器；同时，康复运动过程中工控一体机与驱动器进行实时通信，实时读取驱动器电流与速度反馈数据。工控机根据控制算法和反馈信号运算得出驱动电机的控制量，并通过网络通信接口将控制量传递给力矩电机驱动器，最终实现卧式下肢康复训练机器人的闭环运动控制。系统硬件的框图如图 4.1 所示。

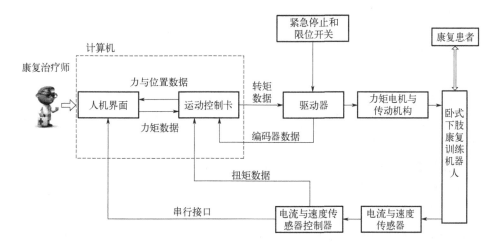

图 4.1　系统硬件框图

4.3 卧式下肢康复训练机器人控制策略

4.3.1 基于模糊 PID 控制算法的被动康复控制策略

被动关节康复活动训练是利用专用器械使关节进行持续较长时间缓慢被动运动的训练方法[74-76]。偏瘫患者康复初期，患肢没有肌肉收缩，根据医生制定的康复训练规划，利用机器人牵引患肢进行单关节或多关节复合训练，控制系统适合采用被动控制策略。关节活动范围可根据患者的耐受程度每日渐增，直至最大关节活动范围。开始时运动速度为每 1~2 分钟一个运动周期，每次训练 1~2 小时，也可连续训练更长时间，根据患者的耐受程度选定，1~3 次/天。

卧式下肢康复训练机器人控制系统采用伺服电机构成半闭环控制系统，由里向外的电流环和速度环构成局部闭环系统。通过特征建模方法，对速度环与电流环双闭环系统中每一段动态特性的主要特征量进行分析，从而得到表征非线性的复杂实际系统内部结构特性的状态空间模型。进行被动康复训练过程中，加载在转动曲柄上的力随着下肢进行周期性康复运动而实时变化，同时，痉挛等现象产生的外部扰动力增加了系统的非线性和时变性。控制系统为保证被动康复训练的鲁棒性，需要对系统 PID 参数初值进行重新设定，单纯采用 PID 算法进行控制，不能满足系统的使用要求。为解决上述问题，本书应用对时变系统具有较强鲁棒性的模糊 PID 的控制方法对卧式下肢康复训练机器人被动训练控制系统进行设计，以求达到预期的效果。图 4.2 描述了基于模糊控制算法的被动康复控制策略。

模糊 PID 控制器的主要思想是通过模糊控制器实现对 PID 的三个参数的在线调整，使其适应实时的系统性能。首先，确定卧式下肢康复训练机器人被动训练系统 PID 的比例 P、积分 I、微分 D 三个参数分别与转速偏差和转速偏差变化率之间的模糊关系，从而由整个被动训练系统运行过程中采集并计算的转速偏差及转速偏差变化率的值，经过在线计算，结合模糊控制规则对 PID 的三个参数进行在线整定和优化，从而获得实时系统的最优 PID 参数，以适应不同康复过程中的系统性能，获得良好的控制品质[77-79]。

如图 4.3 所示，y_d 为转动曲柄参考位置输入信号，$\theta(t)$ 为输出角位置信号，描述了基于自适应模糊 PID 算法的下肢康复训练系统控制原理。

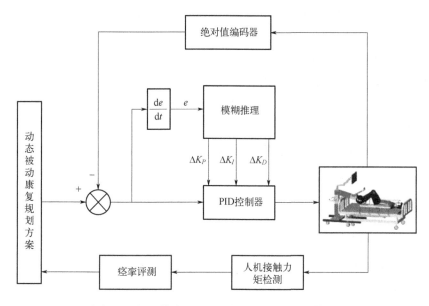

图 4.2　基于模糊 PID 控制的被动训练控制框图

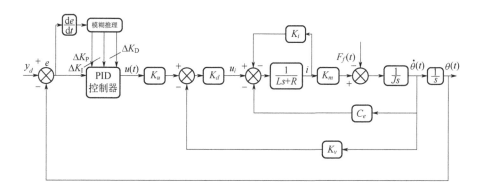

图 4.3　卧式下肢康复训练机器人模糊 PID 算法的控制框图

系统的传递函数为：

$$\dot{\theta}(t) = K_u \frac{K_d K_m}{Js(Ls+R)} u(t) - \frac{K_m C_e}{Js(Ls+R)} - \frac{1}{Js} F_f(t) - K_i \frac{1}{Ls+R} - \frac{K_v K_d K_m}{Js(Ls+R)} \quad (4\text{-}1)$$

式中，K_u 为功率放大系数；K_d 为速度环的放大系数；K_v 为速度环反馈系数；K_i 为电流反馈系数；L 为电枢电感；R 为电枢电阻；K_m 为下肢驱动电机力矩系数；C_e 为电机反电动势系数；J 为等效到转轴上的转动惯量，$J = J_m + J_L$，J_m 为电机与传动机构转动惯量，J_L 为下肢被动康复过程产生的转动惯量；$F_f(t)$ 为康复过程中由腿部主动用力、痉挛等导致的外部扰动力；e 表示曲柄的转速偏差。

　　基于模糊 PID 控制的被动康复训练控制系统将变化的惯量负载和外部扰动考虑在内，使控制器适应控制系统非线性和时变性，能根据模糊规则调节系统 PID 参数以适应不同康复工况对系统性能的影响。针对其模糊控制器，选择卧式下肢康复训练机器人转动曲柄的转速偏差 e 作为模糊控制器的输入变量，比例系数偏差 ΔK_P、积分系数偏差 ΔK_I 和微分系数偏差 ΔK_D 作为模糊控制器的输出变量，从而对系统 PID 参数进行修正。在对本模糊控制器设计中，输入变量和输出变量模糊控制论域定义七种状态，即［NB，NM，NS，ZO，PS，PM，PB］，分别为负大、负中、负小、零、正小、正中、正大。其中输入变量 e 的论域为 ［-3，-2，-1，0，1，2，3］；输出变量 ΔK_P 的论域为 ［-0.3，-0.2，-0.1，0，0.1，0.2，0.3］；ΔK_I 的论域为[-0.06，-0.04，-0.02，0，0.02，0.04，0.06]；ΔK_D 的论域为 ［-3，-2，-1，0，1，2，3］。选择三角隶属度函数，获得的输入变量和输出变量的隶属度函数如图 4.4 所示。

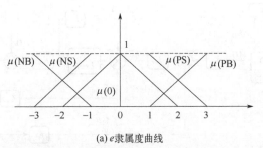

(a) e 隶属度曲线

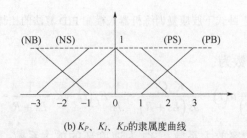

(b) K_P、K_I、K_D 的隶属度曲线

图 4.4　变量隶属度曲线

在不同的 e 下，根据输出响应曲线以及实际响应时间和超调量对 K_P、K_I、K_D 进行整定。结合 PID 参数自整定原则，得出 K_P、K_I、K_D 模糊规则如表 4.1～表 4.3 所示。在系统运行过程中，控制器可以根据设定好的 K_P、K_I、K_D 的模糊控制规则进行 K_P、K_I、K_D 的自适应整定。

表 4.1 K_P 的规则表

e	NB	NM	NS	ZO	PS	PM	PB
NB	PB	PB	PM	PM	PS	ZO	ZO
NM	PB	PB	PM	PS	PS	ZO	NS
NS	PM	PM	PM	PS	ZO	NS	NS
ZO	PM	PM	PS	ZO	NS	NM	NM
PS	PS	PS	ZO	NS	NS	NM	NM
PM	PS	ZO	NS	NM	NM	NM	NB
PB	ZO	ZO	NM	NM	NM	NB	NB

表 4.2 K_I 的规则表

e	NB	NM	NS	ZO	PS	PM	PB
NB	NB	NB	NM	NM	NS	ZO	ZO
NM	NB	NB	NM	NS	PS	ZO	ZO
NS	NB	NM	NS	PS	ZO	PS	PS
ZO	NM	NM	NS	ZO	PS	PM	PM
PS	NM	NS	ZO	PS	PS	PM	PB
PM	ZO	ZO	PS	PS	PM	PB	PB
PB	ZO	ZO	PS	PM	PM	PB	PB

表 4.3 K_D 的规则表

e	NB	NM	NS	ZO	PS	PM	PB
NB	PS	NS	NB	NB	NB	NM	PS
NM	PS	NS	NB	NM	NM	NS	ZO
NS	ZO	NS	NM	PM	NS	NS	ZO
ZO	ZO	NS	NS	NZ	NS	NS	ZO
PS	ZO	ZO	ZO	ZO	ZO	ZO	ZO
PM	PB	NS	PS	PS	PS	PS	PB
PB	PB	PM	PM	PM	PS	PS	PB

4.3.2 基于力、位反馈的被动示教学习控制策略

卧式下肢康复训练机器人可以学习康复治疗师为每个患者执行的操作，并在没有康复治疗师的情况下模仿这些操作，本书将这种运动类型命名为机器人学习。机器人的学习过程分为两个阶段：教学和治疗。教学过程基于患者的身体特征以及从患者获得的位置和力的数据来执行。在每次使用卧式下肢康复训练机器人进行康复治疗之前，康复治疗师向患者教授必要的动作。如果患者的情况发生变化，并且需要改变患者的动作，患者可以在治疗师配合下轻松地重新教授系统并继续康复。此时，转动曲柄末端受到患者下肢重力、下肢肌张力及康复医师手的操作力，进而可以得到在康复医师操作力作用下的转动曲柄动力学方程。

$$\begin{cases} \tau_{F_1} = M_1(\theta)\ddot{\theta} + B_1(\theta)[\dot{\theta}\dot{\theta}] + C_1(\theta)[\dot{\theta}^2] + G_1(\theta) \\ \tau_{F_d} = \tau_{out}r - I_m\ddot{\theta}_m r - B_m\dot{\theta}_m r \\ \tau_{out} = \tau_p \end{cases} \qquad (4\text{-}2)$$

式中，τ_{F_d} 为驱动链输出转矩；τ_{F_1} 表示被动康复训练过程中系统实时测量的力矩；τ_p 为康复医师操作力产生的转矩。

治疗阶段有直接治疗和反应治疗两种模式。在直接治疗模式下，系统可以在任何所需的时间内重复康复治疗师所教的动作。在反应治疗模式下，对患者的关节开放运动进行模拟，系统根据患者的反应做出相应处理。运动的边界条件在治疗期间不断变化，进而实现患者被动训练的目的。卧式下肢康复训练机器人示教学习被动康复训练控制框图，如图 4.5 所示。

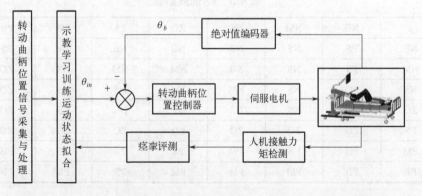

图 4.5　卧式下肢康复训练机器人示教学习被动康复训练控制框图

4.3.3　助力控制策略

　　康复过程中后期，患肢各关节的运动较灵活，协调运动大致正常，在外力的辅助下，通过患者主动收缩肌肉基本可以完成规定的运动或动作从而逐渐康复。康复训练的要求是在康复机器人协助下增加患肢的肌力和耐力，控制系统适合采用主助力控制策略，即利用患肢驱动机器人进行康复训练。

　　在外力辅助下，患者通过主动收缩肌肉来完成运动或动作，逐步增强肌力，建立协调动作模式。进行助力训练时，助力要求提供平滑的运动，助力常加于运动的开始和结束，并随病情好转逐渐减少。训练中应以患者主动用力为主，并做最大努力，康复机器人在任何时候均只给予完成动作的最小助力，以免助力替代主动用力。训练强度由低到高，训练时间逐渐延长，训练频率逐渐增加，根据患者的疲劳程度调节运动量。助力运动控制的原理，如图 4.6 所示。

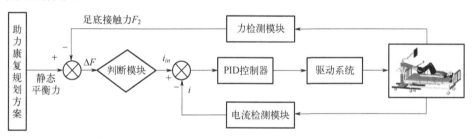

图 4.6　卧式下肢康复训练机器人助力康复训练控制框图

　　图 4.6 中的静态平衡力是机器人为平衡下肢重力矩而提供的力，通过实验的方法确定。当患肢对机器人施加一个主动力后，利用力测量模块测量出足底与转动曲柄之间的接触力，获得力变化量 ΔF，并对 ΔF 进行判断，分析患者的主动运动趋势。根据主动运动趋势过程中测量力的大小，给定控制系统期望的电流信号 i_{in}，通过自主设计的驱动器实现对力矩电机输出力（矩）的控制，使电机提供助力，辅助患者进行康复训练。

4.3.4　主动阻抗控制策略

　　下肢阻抗康复运动是指在运动过程中，须克服外来阻力才能完成的运动。

康复后期，患者下肢肌力已恢复一定的活动能力，宜采用主动阻抗控制策略对患肢进行强化训练，即使患肢克服机器人所提供的阻力进行康复训练。进行主动运动时，动作宜平稳缓慢，尽可能达到最大幅度，用力到引起轻度疼痛为最大限度。训练中动作平缓、柔和、有节律地重复数次，尽可能达到最大活动范围后维持数秒。患者进行阻抗训练分两种情况：第一种情况下，机器人在康复过程中提供阻力，完全由患肢克服机器人所提供的阻力进行康复训练；第二种情况下，卧式下肢康复训练机器人对患肢施加一个阻力的同时，需辅助患者进行康复训练，即阻抗运动。第一种情况下，卧式下肢康复训练机器人仅需设定恒定阻力，控制方式并不复杂。第二种情况的控制模式较复杂，研究时选择第二种情况进行分析。

主动阻抗康复训练运动中，人机之间的相互作用力是康复机器人控制最关键的部分。如果人机之间的交互力控制不好，很可能给患者带来二次伤害。阻抗控制采用人机交互力与位置相结合的控制模式实现人机交互力的控制。由控制系统实时检测反馈力，并对位置进行修正。通过将位置修正量和反馈的实际位置添加至内环控制器，实现人机交互力控制目标。基于模糊控制的卧式下肢康复训练机器人主动阻抗康复训练控制原理，如图 4.7 所示。

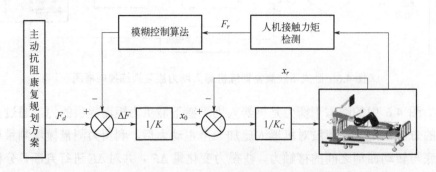

图 4.7 卧式下肢康复训练机器人主动阻抗控制框图

当患肢对机器人施加主动力后，利用力矩测量模块实时测量实际人机接触力 F_r，从而得到变化量 ΔF，经过刚度系数 K 转换成移动关节控制系统的位置输入信号 x_0，与实际测量的位置信号 x_r 比较获得位置偏差，通过位置控制器 K_C 实现下肢的阻抗控制。采用主动控制策略时，控制器产生的力矩为：

$$\begin{cases} \tau_r = K_C \left(x_0 - x_r \right) \\ x_0 = \Delta F / K \\ \Delta F = F_d - F_r \end{cases}$$

下肢主动阻抗康复训练控制系统中，偏差力 ΔF 反映了当前时刻传动轴输出力；F_r 和所设定力输出期望值 F_d 之间的差值，是反映输出转矩状况的重要因素，为控制器输出提供了有效依据，故在对模糊控制器进行设计时，选择偏差力 ΔF （输出轴转矩偏差）作为其输入语言变量。

根据医疗调研和临床经验，选择适用于卧式下肢康复训练机器人阻抗康复训练模糊控制器的输入输出语言变量为[NL，NM，NS，ZO，PS，PM，PL]，表示的意义为[-4，-2，-1，0，1，2，4]。在通常情况下，为把输入输出划为更细小的区间，得到更好的控制效果，语言变量的数目越多越好，但是过多的语言变量也会大幅度增加系统的推理时间，增加了计算复杂度，因此衡量利弊后，在不影响系统性能的情况下，本书选择 7 个语言变量。在对输入、输出语言变量进行选择时，通过对比三角隶属度函数与梯形隶属度函数的控制效果，选择灵敏度较高的三角隶属度函数，并得到偏差力 ΔF。对模糊规则进行设定，得出的模糊控制规则如表 4.4 所示。

痉挛是大多数患者康复过程中不可避免的一个阶段，对痉挛问题的处理也是康复过程中非常重要的一个问题。痉挛发生时，采用模糊变阻抗控制方式使人机之间的接触刚度增加，强制性地带动下肢进行抗痉挛训练。

表 4.4   主动训练系统模糊控制规则表

ΔF	NL	NM	NS	ZO	PS	PM	PL
NL	NL	NL	NL	NM	NM	NM	NS
NM	NL	NL	NM	NM	NS	ZO	PS
NS	NL	NM	NM	NS	ZO	PS	PM
ZO	NM	NM	NM	ZO	PS	PM	PM
PS	NM	NS	ZO	PS	PM	PM	PL
PM	NS	ZO	PS	PM	PM	PL	PL
PL	ZO	PS	PM	PM	PL	PL	PL

模糊控制属于智能控制中的一种，其特点是不需要被控对象有准确的数学模型，仅通过对被控对象输入输出量的测量，依靠专家的经验给出控制策

略，对数学模型未知的、复杂的非线性系统进行控制。

痉挛是肌肉在病理状态下的一种神经性生理表现，不易直接测量。下肢在康复过程中，经常会出现痉挛现象。当痉挛发生时，肌张力出现明显增高，人机之间的接触力会产生非常大的突变，利用普通阻抗控制方式已经不能完成规划的训练轨迹，要根据临床需要或者治疗师的经验，利用模糊推理规则在线调整阻抗控制器参数：

① 如果控制系统测量到康复训练的运动方向与痉挛运动趋势相反，模糊控制器使阻抗系数瞬时增大，瞬时提高人机之间接触力，强制性地带动患肢沿着与康复训练相同的方向运动到下肢预先设定的极限位置，停止一段时间后，痉挛会逐渐缓解或消失，类似于日常生活中腿抽筋时人们的处理方法。

② 如果康复训练的运动方向与痉挛运动趋势相同，先控制带动下肢的机器人转动曲柄停下来，然后给承载下肢的转动曲柄一个与痉挛运动趋势相反的控制信号，机器人强制性地带动患者下肢运动到预先设定的极限位置，并停止一段时间。如果痉挛没有消失，可以终止训练。采用模糊阻抗控制方法后，机器人的末端对患肢仍然具有一定的柔顺性，既能完成预先规划的训练任务，又能在一定程度上缓解和减轻痉挛症状。

4.4 卧式下肢康复训练机器人控制系统鲁棒性

患者在利用卧式下肢康复训练机器人进行训练时，由现场环境、下肢痉挛等产生的扰动力会对主动、被动和助力康复训练控制系统中的转速反馈信号和转矩反馈信号产生随机干扰，从而影响控制系统的鲁棒性。因此，提高系统的鲁棒性能够在满足患者康复需求的基础上，进一步保证系统的安全性。国内多数卧式下肢康复训练机器人的研发中对系统鲁棒性研究较少，在实际应用中仍存在一定的不足。为提高系统鲁棒性，保证使用者安全，本书对控制系统中滤波环节进行研究，在对强跟踪滤波方法进行分析的基础上，通过建立卧式下肢康复训练机器人伺服系统模型，设计基于强跟踪滤波方法的康复控制系统，通过仿真对比分析加入强跟踪滤波方法前后系统运行状态。

4.4.1 基于强跟踪滤波的卧式下肢康复训练机器人控制系统特性分析

（1）卧式下肢康复训练机器人控制系统特性分析

康复机器人控制系统的鲁棒性和安全性是考核康复机器人性能指标的重要参数。有效的滤波方法可以保证系统在受到各类外部干扰的情况下稳定运行，保证患者使用过程中的安全性。

在通常情况下，卧式下肢康复训练系统的模型是具有不确定性的，其原因有很多：在对驱动系统、传动系统和执行系统进行建模时，对不重要的因素进行了简化；在对卧式下肢康复训练系统进行建模时的噪声统计特性相对于实际工况时的噪声统计特性过于理想化，造成了实际系统的统计特性发生较大的变动；随着康复机器人各个部件长时间使用、磨损，出现老化和破损等，使系统的初始状态统计特性不够准确。针对于此类缺点，在扩展卡尔曼滤波（extended kalman filter，EKF）算法的基础上提出的强跟踪滤波算法（strong tracking filter，STF）可以有效解决在线康复过程中突变状态的跟踪问题，并且易于实现。为对下肢康复训练过程中的突变状态准确跟踪，提高卧式下肢康复机器人控制系统鲁棒性，以保证患者训练过程中的安全，本书提出基于强跟踪滤波算法，对卧式下肢康复训练机器人被动、助力和阻抗康复训练控制系统反馈信号进行滤波估计，通过理论与实践分析确定其有效性。

（2）STF方法分析

强跟踪滤波器之所以对卧式下肢康复训练机器人控制系统鲁棒性提高有较好优势，主要是因为强跟踪滤波器有以下优点：对于系统模型的不确定性具有较强的鲁棒性；当各种内部或外部原因导致系统突变状态较多时，强跟踪滤波器具有极强的跟踪能力，当系统处于稳定状态时仍然对系统稳定状态中的缓变与突变变化具有较强的跟踪能力；滤波算法计算复杂性适中，易于实现[80-85]。

考虑一类如下形式的非线性系统：

$$\begin{cases} x(k+1) = f_{\mathrm{d}}\big(k, u(k), x(k)\big) + \Gamma(k)v(k) \\ y(k+1) = h_{\mathrm{d}}\big(k+1, u(k), x(k+1)\big) + e(k+1) \end{cases} \tag{4-3}$$

式中，状态 $x \in \mathbf{R}^n$；输入 $u \in \mathbf{R}^p$；输出 $y \in \mathbf{R}^m$；非线性函数 f_{d}：$\mathbf{R}^p \times \mathbf{R}^n \to \mathbf{R}^n$ 和 h_{d}：$\mathbf{R}^n \to \mathbf{R}^m$ 对 x 有连续偏导数；过程噪声 $v(k) \in \mathbf{R}^q$，是零

均值，其方差为 $Q(k)$；测量噪声 $e(k) \in \mathbf{R}^m$，也是零均值，其方差为 $R(k)$；$e(k)$ 和 $v(k)$ 是统计独立的。

对于上述系统有强跟踪滤波器[86]公式如下：

$$\hat{x}(k+1|k+1) = \hat{x}(k+1|k) + K(k+1)r(k+1) \tag{4-4}$$

$$\hat{x}(k+1|k) = f_d(k, u(k), \hat{x}(k|k)) \tag{4-5}$$

$$K(k+1) = P(k+1|k)H^T(k+1, \hat{x}(k+1|k)) \Big[H(k+1, \hat{x}(k+1|k)) \\ P(k+1|k)H^T(k+1, \hat{x}(k+1|k)) + R(k) \Big]^{-1} \tag{4-6}$$

$$P(k+1|k) = \Lambda(k+1)F(k, u(k), \hat{x}(k|k))P(k|k) \\ F^T(k, u(k), \hat{x}(k|k)) + \Gamma(k)Q(k)\Gamma^T(k) \tag{4-7}$$

$$P(k+1|k+1) = \Big[I - K(k+1)H(k+1, \hat{x}(k+1|k)) \Big]P(k+1|k) \tag{4-8}$$

$$r(k+1) = y(k+1) - h_d(k+1, \hat{x}(k+1|k)) \tag{4-9}$$

式中，$r(k+1)$ 为残差矩阵；$\Gamma(k)$ 是已知的适当维数的矩阵。上述各式中：

$$F(k, u(k), \hat{x}(k|k)) = \frac{\partial f_d(k, u(k), x(k))}{\partial x} \Big|_{x=\hat{x}(k|k)} \tag{4-10}$$

$$H(k+1, \hat{x}(k+1|k)) = \frac{\partial h_d(k+1, x(k+1))}{\partial x} \Big|_{x=\hat{x}(k+1|k)} \tag{4-11}$$

$$\Lambda(k+1) = \mathrm{diag}\{\lambda_1(k+1), \lambda_1(k+1), \cdots, \lambda_n(k+1)\} \tag{4-12}$$

$$\lambda_i = \begin{cases} \alpha_i \eta(k+1), & \alpha_i \eta(k+1) > 1 \\ 1, & \alpha_i \eta(k+1) \leqslant 1 \end{cases} \tag{4-13}$$

$$\eta(k+1) = \frac{\mathrm{tr}\big[N(k+1)\big]}{\displaystyle\sum_{i=1}^{n} \alpha_i M_{ii}(k+1)} \tag{4-14}$$

$$N(k+1) = V_0(k+1) - \beta(k+1) - H(k+1, \hat{x}(k+1|k))\Gamma(k)Q(k) \\ \Gamma^T(k)H^T(k+1, \hat{x}(k+1|k)) \tag{4-15}$$

$$M(k+1) = F(k, u(k), \hat{x}(k|k))P(k|k)F^T(k, u(k), \hat{x}(k|k)) \\ H^T(k+1, \hat{x}(k+1|k))H(k+1, \hat{x}(k+1|k)) = (M_{ij}) \tag{4-16}$$

$$V_0(k+1) = E\left[r(k+1)r^{\mathrm{T}}(k+1)\right] \approx \begin{cases} r(1)r^{\mathrm{T}}(1), & k=0 \\ \dfrac{\rho V_0(k) + r(k+1)r^{\mathrm{T}}(k+1)}{1+\rho}, & k \geqslant 1 \end{cases} \qquad (4\text{-}17)$$

式中，$\rho=0.95$，是以往因子；$\beta \geqslant 1$，是一预定的弱化因子；$\alpha_i \geqslant 1$ $(i=1,2,\cdots,n)$，均为预先选定系数。如果从先验知识中得知 x_i 变化很快，可以选择一个较大的 α_i，则可以进一步提高 STF 的跟踪能力。如果没有任何先验知识，则可以选择 $\alpha_1=\alpha_2=\cdots=1$。在此情形下，基于多元渐消因子的 STF 将退化为单渐消因子的 STF，其跟踪性能也相当好。选择一个较大的 β 能使状态估计更为平滑。

扩展的卡尔曼滤波器能用于如式（4-3）的系统状态估计，但是，在大多数情形下，EKF 只能给出状态的有偏估计，并且对模型误差的鲁棒性较差。因此，为了给出更好的参数估计值，我们将利用 STF。它具有 EKF 所不具有的以下优点[85]：

① 对于模型的初始状态和系统测量噪声的统计性质不敏感；

② 在滤波器达到稳态时，对过程的突变状态仍具有很强的跟踪能力；

③ 计算量与 EKF 相当。

从以上的 STF 的公式可以看出，STF 是在 EKF 的基础上，在预测误差方差方程中引入了一个多重次优的渐消因子 $\Lambda(\bullet)$ 得到的，见式（4-7）。次优渐消因子 $\Lambda(\bullet)$ 可以通过求解如下方程来确定：

$$\begin{cases} E\left[x(k+1)-\hat{x}(k+1|k+1)\right]\left[x(k+1)-\hat{x}(k+1|k+1)\right]^{\mathrm{T}} = \min \\ E\left[r(k+1)r^{\mathrm{T}}(k+1+j)\right]=0, j=1,2,\cdots \end{cases} \qquad (4\text{-}18)$$

上式的第 2 个方程称为正交性原理。它的物理意义是使残差序列在每一步相互正交，表明残差序列中的所有有用信息都已经被提取出来，用作对现在时刻系统状态的估计。

4.4.2　卧式下肢康复训练机器人伺服系统模型的建立

对卧式下肢康复训练控制系统进行滤波来提高系统鲁棒性，首先应建立卧式下肢康复训练机器人伺服传动系统模型。在建立卧式下肢康复训练机器人伺服系统数学模型时，将其分解为驱动系统、进给系统和执行系统三个子系统模型，如图 4.8 所示，而后，根据各子系统之间的特性，建立卧式下肢康复训练机器人伺服系统的数学模型，克服了以往卧式下肢康复训练机器人进行伺服系统建模过程中因只考虑单一简化的电机模型，造成伺服系统模型不匹配的问题，为后续的强跟踪滤波控制打下基础。

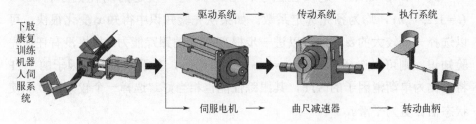

图 4.8　卧式下肢康复训练机器人伺服系统

（1）驱动系统模型的建立

在转子磁场定向 d_q 轴坐标系下，可以得到力矩电机的驱动数学模型如式（4-19）所示：

$$\begin{cases} \dot{I}_d = \dfrac{U_d}{L_s} - \dfrac{R_s}{L_s} I_d + \omega I_q \\[2mm] \dot{I}_q = \dfrac{U_q}{L_s} - \dfrac{R_s}{L_s} I_q - \omega I_d - \dfrac{\Psi}{L_s}\omega \\[2mm] \dot{\omega} = \dfrac{p^2 \Psi}{J} I_q - \dfrac{\mu}{J}\omega - \dfrac{p}{J} T_L \\[2mm] \dot{\theta} = \omega \end{cases} \tag{4-19}$$

式中，U_d、U_q 为电机 d_q 轴电压；I_d、I_q 为电机 d_q 轴电流；Ψ 为磁链系数；L_s 为定子电感；μ 为摩擦转矩系数，R_s 为定子电阻；p 为极对数；J 为转动惯量；ω 为角速度。

（2）进给系统模型的建立

由于在卧式下肢康复训练机器人使用过程中，转动曲柄是由曲齿减速器输出轴带动而进行运动的，而曲齿减速器的运动是依靠安装在电机上的联轴器与驱动齿轮轴连接建立传动关系的，根据牛顿力学原理，建立动平衡关系，驱动齿轮轴上齿轮每转一周，输出轴转过一定角度。本书中，驱动齿轮轴上齿数 Z_1 与输出轴上的齿轮齿数 Z_2 传动比为 $Z_1 / Z_2 = 1 : 5$，分别考虑驱动齿轮轴与输出轴上的齿轮的转动惯量，得到转矩方程：

$$T_L = J\dot{\omega} \qquad\qquad (4\text{-}20)$$

结合进给系统传动过程中，主要考虑驱动齿轮轴转动惯量J_1、输出轴与其上齿轮的转动惯量J_2，可以求解进给系统总转动惯量$J_{进给}$：

$$J_{进给} = J_1 + J_2 = \frac{1}{2}m_1 r_1^2 + \frac{1}{2}m_2 r_2^2 \qquad\qquad (4\text{-}21)$$

式中，m_1、m_2分别为驱动齿轮轴、输出轴与其上齿轮的质量；r_1、r_2分别为驱动齿轮轴、输出轴与其上齿轮的转动半径。

（3）执行系统模型的建立

卧式下肢康复训练机器人伺服系统的执行系统为转动曲柄，转动曲柄与输出轴同轴连接且以相同速度一起转动。康复工作过程中转动曲柄需要带动人体下肢进行康复运动，可求解执行系统总转动惯量$J_{执行}$：

$$J_{执行} = J_r + J_b = \frac{1}{2}m_p r_p^2 + \frac{1}{2}m_b r_b^2 \qquad\qquad (4\text{-}22)$$

式中，m_p为人体单侧下肢质量；m_b为单侧转动曲柄质量；r_p为下肢质量中心至回转中心距离；r_b为单侧转动曲柄质量中心至回转中心距离。

（4）伺服系统机电模型的建立

卧式下肢康复训练机器人伺服模型［式（4-19）与式（4-22）］是一个存在着多物理过程、多变量的机电系统模型。在建立卧式下肢康复训练机器人伺服系统数学模型时，相比于单纯电机建模的伺服系统，引入执行系统、进给系统和驱动系统等若干子系统的卧式下肢康复训练机器人伺服系统数学模型表征系统信息更加全面合理，如式（4-23）所示：

$$\begin{cases} \dot{I}_d = \dfrac{U_d}{L_s} - \dfrac{R_s}{L_s}I_d + \omega I_q \\[2mm] \dot{I}_q = \dfrac{U_q}{L_s} - \dfrac{R_s}{L_s}I_q - \omega I_d - \dfrac{\Psi}{L_s}\omega \\[2mm] \dot{\omega} = \dfrac{p^2\Psi}{J}I_q - \dfrac{\mu}{J}\omega - \dfrac{p}{J}T_L \\[2mm] \dot{\theta} = \omega \\[2mm] T_L = J\dot{\omega} \\[2mm] J = \dfrac{1}{2}m_1 r_1^2 + \dfrac{1}{2}m_2 r_2^2 + \dfrac{1}{2}m_p r_p^2 + \dfrac{1}{2}m_b r_b^2 \end{cases} \qquad (4\text{-}23)$$

建立的卧式下肢康复训练机器人伺服系统数学模型克服了单一简化的电机模型造成伺服系统模型不匹配的问题，为后续的 STF 跟踪控制打下基础。

4.4.3 基于 STF 的康复训练运动控制系统滤波环节设计

由式（4-23）可知，卧式下肢康复训练机器人伺服系统数学模型可表述为式（4-24）所示的状态方程：

$$x(k+1) = A(k, x(k))x(k) + Bu(k) \qquad (4\text{-}24)$$

由于在式（4-24）中 $A(k, x(k))$ 仍含有时变状态变量 $x(k)$，所以卧式下肢康复训练机器人伺服系统本质上是一个非线性系统，其中，状态向量 $x(k)$、输入向量 $u(k)$、输出向量 $y(k)$ 可表示为：

$$x(k) = \begin{bmatrix} I_d(k) & I_q(k) & \omega(k) & \theta(k) & T_L(k) & r_p(k) \end{bmatrix}^{\mathrm{T}}$$

$$u(k) = \begin{bmatrix} U_d(k) & U_q(k) \end{bmatrix}^{\mathrm{T}}$$

$$y(k) = \begin{bmatrix} I_d(k) & I_q(k) \end{bmatrix}^{\mathrm{T}}$$

$$A(k, x(k)) = \begin{bmatrix} a_{11} & a_{12} & a_{13} & 0 & 0 & 0 \\ a_{21} & a_{22} & a_{23} & 0 & 0 & 0 \\ 0 & a_{32} & a_{33} & 0 & a_{35} & 0 \\ 0 & 0 & T_c & 1 & 0 & 0 \\ 0 & 0 & 0 & 0 & 1 & 0 \\ 0 & 0 & 0 & a_{64} & 0 & a_{66} \end{bmatrix}, \quad B = \begin{bmatrix} \dfrac{1}{L_s} & 0 & 0 & 0 & 0 & 0 \\ 0 & \dfrac{1}{L_s} & 0 & 0 & 0 & 0 \end{bmatrix}^{\mathrm{T}}$$

式中：

$$a_{11} = 1 - \frac{R}{L_s}T_c, \quad a_{12} = \omega T_c, \quad a_{13} = I_q T_c$$

$$a_{21} = -\omega T_c, \quad a_{22} = 1 - \frac{R_s}{L_s}T_c, \quad a_{23} = \left(-I_d - \frac{\psi}{L_s}\right)T_c$$

$$a_{32} = \frac{P^2 \psi}{J}T_c, \quad a_{33} = 1 - \frac{\mu}{J}T_c, \quad a_{35} = -\frac{P}{J}T_c$$

$$a_{64} = \dot{J}T_c, \quad a_{66} = 1 - m_p r_p T_c$$

T_c 为系统的采样周期，观测方程如式（4-25）所示：

$$y(k+1) = Cx(k+1) \qquad (4\text{-}25)$$

式中，$C = \begin{bmatrix} 1 & 0 & 0 & 0 & 0 & 0 \\ 0 & 1 & 0 & 0 & 0 & 0 \end{bmatrix}$。

式（4-24）和式（4-25）构成了下肢 CRR 伺服系统的状态方程和观测方程，由于 $A(k, x(k))$ 含有时变状态 $x(k)$，所以像本系统这样的线性时变系统本质上是一个非线性系统。为了解决以该下肢卧式康复机器人伺服系统为代表的一类非线性系统的状态估计和精度控制问题，有必要对更一般的非线性系统的状态估计和精度控制进行研究。在建立卧式下肢康复训练机器人伺服系统模型之后，根据强跟踪滤波的步骤对反馈转速信号和反馈转矩信号进行估计，得出强跟踪滤波器的滤波流程图，如图 4.9 所示。

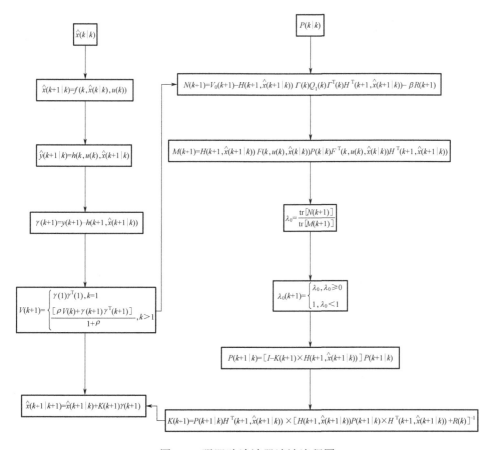

图 4.9　强跟踪滤波器滤波流程图

4.5　卧式下肢康复训练机器人控制系统与系统鲁棒性仿真验证

Matlab 软件中 Simulink 模块中包括离散型系统、连续型系统以及离散连续混合系统。在 Simulink 环境中对控制系统进行建模时，仅需拖动需要的系统模块进行参数设定，就可以方便地创建系统的图形界面和整体图形，操作简单、快捷。本书将采用 Matlab 软件中 Simulink 模块对卧式下肢康复训练机器人主被动康复训练控制系统可行性与鲁棒性进行仿真分析。

4.5.1　控制系统仿真验证

在康复过程中，由于用户痉挛和设备轴承磨损等原因，控制系统的干扰力 $F(t)$ 呈现出不同的状态。为了验证 PID 控制器的鲁棒性，讨论三种干扰力：连续干扰力、线性干扰力和随机干扰力。如图 4.10（a）～（c）所示，虽然在开始时存在系统失稳，但是系统角度误差 e 的值逐渐趋于零，这表明模糊 PID 系统控制器的鲁棒性佳。

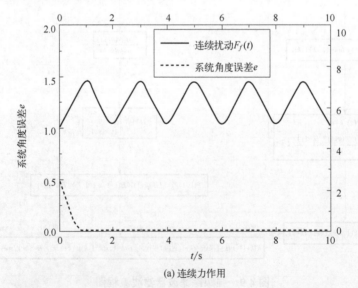

(a) 连续力作用

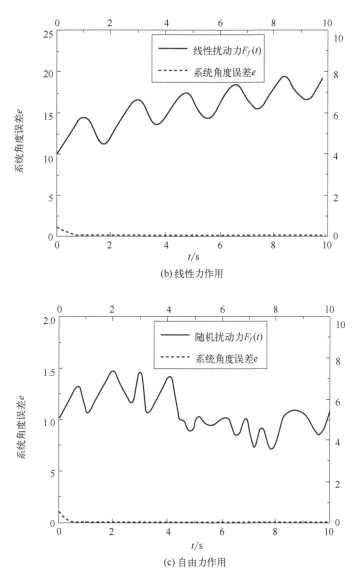

(b) 线性力作用

(c) 自由力作用

图 4.10　PID 控制器鲁棒性分析

（1）被动训练控制系统仿真验证

为了验证基于模糊 PID 的速度控制器相比于普通 PID 控制的优越性，即能有效地在不同体重患者进行训练时自整定 PID 参数，以适应不同体重患者系统参数的变化，进而有效地控制电机调节转动曲柄的转速，在电机驱动轴负载质量上加载随机质量，测试对象的变化对系统的影响。如图 4.11 所示，在 Simulink 中建立卧式下肢康复训练机器人被动训练控制系统模型，其中包括转速控制器、电流控制器、PWM 装置、直流电机、减速器、零阶保持器，系统采用 Matlab Fcn 自定义函数描述电流控制器和转速控制器的控制算法，采用零阶保持器模块描述 D/A 转化环节，各环节参数由前面的建模及电流控制器、转速控制器的设计确定。给定阶跃信号的幅值取为实验训练转速 60r/min，人的下肢质量设定为 30kg，系统输出为下肢康复训练器被动训练转速。

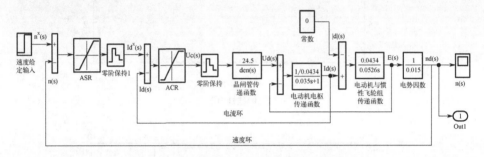

图 4.11　被动训练控制系统仿真框图

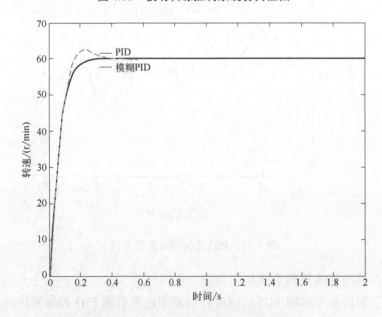

图 4.12　两种控制系统的阶跃响应仿真

　　图 4.12 所示为通过 Simulink 模块对卧式下肢康复训练机器人被动训练控制系统仿真结果。从图中可以看出，基于模糊 PID 被动康复训练控制系统在

外力扰动情况下，超调量减小，系统响应时间缩短，进一步提高了卧式下肢康复训练机器人控制系统的动态性能，保证了患者使用卧式下肢康复训练机器人进行康复训练的效果。

为进一步验证模糊 PID 调节在下肢质量发生变化时对控制系统的适应性，从转动惯量与速度同时变化角度分析系统鲁棒性。如图 4.13（a）所示，常规 PID 调节中，当腿部重量逐渐增加时，速度超调逐渐增大，最大超调值达到 10%。对于卧式下肢康复训练机器人，速度超调量不能太大，否则会对患者造成二次伤害，难以达到预期的康复训练效果。仿真结果表明，如果采用 PID 控制方法对卧式下肢康复训练机器人进行被动训练，很难达到预期的精度。图 4.13（b）显示了卧式下肢康复训练机器人速度的模糊 PID 调节。由图 4.13（b）可以看出，当负载腿的重量增加时，控制系统可以精确地调整 PID 参数，其速度超调值为 0.52%，可以满足卧式下肢康复训练机器人被动康复训练的控制要求，从而为对患者进行有效、稳定的下肢被动康复训练奠定基础。

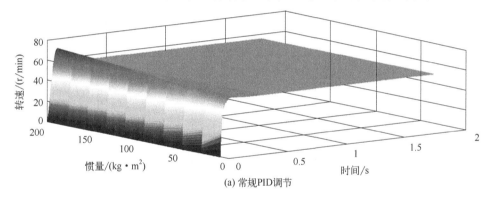

(a) 常规PID调节

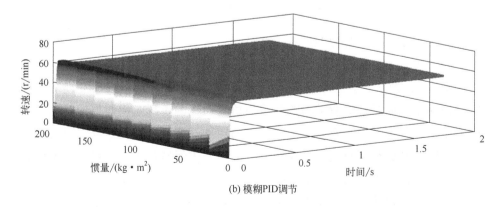

(b) 模糊PID调节

图 4.13　两种控制系统的三维仿真图

（2）下肢康复训练机器人示教学习控制策略

示教学习属于被动康复训练的一种，下肢康复训练机器人首先学习康复治疗师为患者示教的康复操作过程运动状态，并将记录的位置数据保存至控制系统的学习模式中，之后在进行示教过程时，康复机器人可以重复实现康复治疗师的动作。示教学习过程中，下肢康复训练机器人示教速度可以根据个人情况而定。如图 4.14 所示，选择转速为 20r/min 的匀速运动作为理想示教运动状态，转动曲柄示教模式下位置编码器测量角度变化理想曲线与控制系统仿真曲线基本一致，表明示教学习模式控制系统可以克服外部扰动，实现准确、有效的示教学习运动控制。

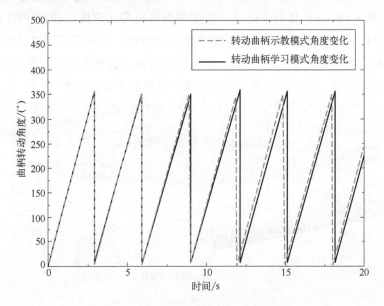

图 4.14　曲柄回转角度变化曲线

（3）助力康复训练控制系统仿真验证

助力康复训练控制系统仿真验证中，人的下肢质量设定为 30kg，实验结果如图 4.15 所示，显示了下肢康复训练机器人处于闭环助力康复训练控制时，控制系统期望理论驱动力矩曲线与仿真曲线的阶跃响应数据的轨迹。在助力康复过程中，由于康复患者下肢主动运动，康复机器人在提供阻力的同时，协助下肢进行康复训练。控制系统输出要求保持稳定（即使下肢主动驱动力输出经常产生波动），因此阻抗电流实时变化很小，同时，系统采用基于模糊 PID 的控制方法，整个循环的趋势是稳定的，期望力矩轨迹与有外力扰动下的仿真轨迹基本一致。结果表明，基于模糊 PID 的控制系统能有效地克服由主动力变化、系统传动引起的摩擦导致的外部干扰，有效实现助力康复训练，理论计算与动力学仿真数值略有偏差，因此曲线不重合。

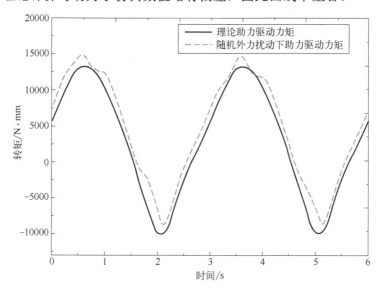

图 4.15　驱动力矩变化曲线

（4）主动训练控制系统仿真验证

设定主动阻抗康复模式下系统输出阻力为 10N，对基于模糊 PID 和未加入模糊控制算法的控制系统进行仿真验证，其仿真结果如图 4.16 所示。从仿真结果可以看出，在系统进行主动阻抗康复模式下，基于模糊控制的下肢康复训练机器人控制系统可以带动下肢进行稳定的主动康复训练。在有干扰的情况下，模糊控制器对输出转矩的调整时间和超调量都要比普通 PID 控制器的控制效果要好。由此可以看出，基于模糊控制方法设计的下肢康复训练机器人主动阻抗康复训练控制系统在对患者进行主动阻抗康复训练时，可以良好地控制下肢康复训练机器人阻抗系统输出转矩，实现稳定、准确的主动阻抗康复训练。

4.5.2　控制系统鲁棒性仿真验证

由于下肢康复训练机器人工作于随机干扰较大的训练环境中，本书针对主、被动训练控制系统的转矩、转速反馈信号设计了强跟踪滤波器，以保证训练过程的准确性、鲁棒性和有效性。为了验证所涉及的滤波环节是否能对下肢康复训练机器人训练运动控制系统进行有效滤波，本书基于 Matlab/Simulink 软件对其主、被动训练控制系统进行仿真验证。

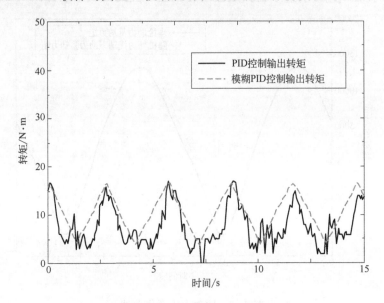

图 4.16　两种控制系统响应仿真结果

（1）被动训练控制系统滤波环节仿真验证

在 Matlab/Simulink 里面对下肢康复训练机器人被动训练控制系统进行建模，如图 4.17 所示。

根据强跟踪滤波递推方程编写下肢康复训练机器人被动训练转速的强跟踪滤波程序，采用转速模糊 PID 控制器和电流 PID 控制器，在模型噪声 ω 和量测噪声 ν 的共同干扰下对强跟踪滤波程序进行了仿真分析。

在下肢康复训练机器人通过电机带动患者患肢进行训练运动时，通过强跟踪滤波器对其转速进行估计。为更直观、清晰地验证转速估计效果，取加载在转柄上的肢体质量为 30kg、目标转速为 60r/min 对强跟踪滤波环节进行仿真，系统加入控制干扰噪声和测量噪声，且都采用均方差为 0.1 的零均值随机白噪声进行近似描述。仿真图如图 4.18 所示。

从仿真结果可以看出，在控制系统受到随机干扰的情况下，控制系统的控制性能下降，引入强跟踪滤波器可以从带有干扰噪声的系统中较好地估计转速，从而较大地改善控制器的性能，控制系统的品质也随之得到了提高。

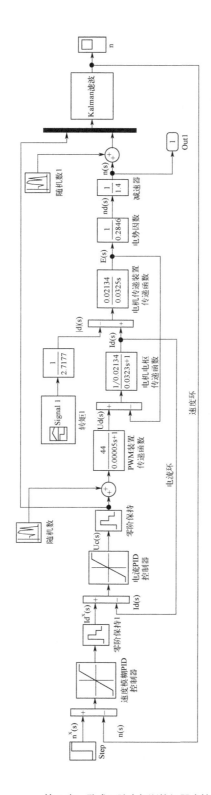

图 4.17　带滤波环节的被动训练控制仿真框图

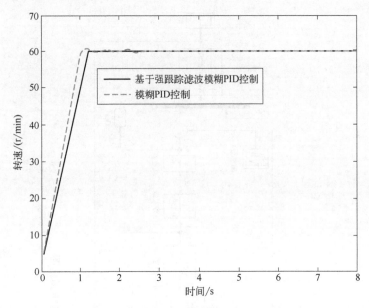

图 4.18　被动训练控制系统滤波环节仿真

（2）主动训练控制系统滤波环节仿真验证

为了验证卧式下肢康复训练机器人主动训练控制系统中滤波环节是否在多干扰的现场训练环境下可以对反馈转矩进行良好的滤波估计，在仿真时加入强跟踪滤波器，设定输出目标转矩为10N，仿真结果如图4.19所示。

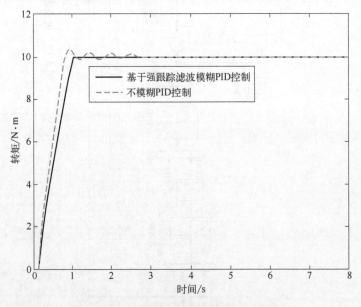

图 4.19　主动训练控制系统滤波环节仿真

由仿真结果可以看出，当系统出现干扰时，系统鲁棒性降低，强跟踪滤波器通过实时从带有噪声的信号中对卧式下肢康复训练机器人输出转矩反馈信号进行估计，调节系统，恢复稳定状态，从而保证了对患者准确及有效的主动康复训练。

4.6　本章小结

①　以搭建的卧式下肢康复训练机器人控制系统为基础，研究了在下肢运动康复过程中，不同控制策略对患者康复效果的影响，构建了被动康复控制策略、示教学习控制策略、助力控制策略和主动阻抗控制策略等多种康复训练控制策略，研究了不同控制策略下下肢康复运动过程中关节运动特性与力学特性。不同的控制策略可以封装到人机界面中不同控制模式下，患者可以根据实际病情选择所需要的训练模式。

②　针对各类康复训练模式控制系统鲁棒性差的问题，建立了包括驱动系统、进给系统和执行系统的伺服传动系统模型，设计了基于STF的训练运动控制系统滤波环节。

③　通过 Matlab/Simulink 仿真软件对被动训练控制策略、示教学习控制策略、助力康复训练控制策略、主动阻抗训练控制策略和基于强跟踪滤波方法的控制系统进行仿真分析，得到了不同控制策略下下肢运动特性，表明强跟踪滤波方法可以有效提高系统鲁棒性。

第 **5** 章

基于置信规则库的人体下肢
康复效果评估方法

5.1 概述

　　康复治疗师在康复效果评估及决策过程中具有不可替代的作用，但因不同患者情况复杂，康复治疗师有时也不能给出确定诊断，仅能根据测得的部分定量参数并结合自己的经验等定性知识，提供不完整或不精确的评估结果。针对康复治疗师得不到下肢完整的历史健康状态数据的情况，传统基于完整历史数据的决策方法无法给出客观的决策结果。因此，综合使用定量康复过程测量肢体状态信息和专家提供的定性知识（即半定量信息），对准确的下肢康复效果评估及决策问题进行建模和分析是非常重要的。置信规则库（belief rule base，BRB）是一种可以有效利用带有各种不确定性的定量信息和专家主观知识，实现复杂问题决策的建模方法[87-90]。

　　本章首先分析下肢肌力评定方法，对卧式下肢康复训练机器人控制系统实时采集的真实有效的下肢康复状态的定量测试数据进行研究，结合临床康复理论、专家临床经验和卧式下肢康复训练机器人康复数据，建立基于置信规则库理论的康复程度评估模型，通过与其他数据分类评估决策方法进行比对分析，验证置信规则库评估方法的正确性和先进性，从而为建立基于 BRB

的临床下肢康复评估决策支持系统奠定理论与实践基础。

5.2　患者下肢肌力的评定

目前针对偏瘫、脑卒中、中枢神经损伤等疾病后期下肢肌力康复状态检查主要有两种方法，分别是手法检查和机械检查，机械检查又分为等长肌力检查、等张肌力检查、等速肌力检查。检查时应该注重检查姿势的标准，阻力逐渐增加。基于患者下肢主动肌力的检查结果，应用肌力分级法判定患者下肢肌力。下肢肌力分级如表 5.1 所示[91]。

表 5.1　下肢肌力分级表

序号	肌力级别	评定标准
1	5 级	能对抗的阻力与正常相应肌肉的相同，且能做全范围的活动
2	4 级	能对抗阻力，但其大小达不到 5 级的水平
3	3 级	能抗重力运动，且能完成 100% 的范围，但不能对抗任何阻力
4	2 级	不能抗重力，但在消除重力影响后能做全关节活动范围的活动
5	1 级	触诊能发现有肌肉收缩，但不能引起任何关节活动
6	0 级	无任何肌肉收缩现象

本书主要针对下肢康复过程中肌力处于 4 级时的等张肌力（使关节全幅度运动时下肢肌力所能克服的最大阻力）进行分析。做 1 次运动的最大阻力称 1 次最大阻力（ I repetition maximum， I RM），完成 10 次连续运动时能克服的最大阻力为 10 I RM。在患者使用卧式下肢康复训练机器人进行主动康复过程中实时采集肌力数据，可以采用科学评定方法进行评定，评定结果可以用于以下几方面：

① 协助康复治疗师判别患者下肢目前肌力的大小；

② 协助康复治疗师确定患者下肢神经损伤的程度；

③ 协助康复治疗师确定下一步康复治疗方案；

④ 协助康复治疗师评估前期康复治疗的疗效。

因此，本书将对卧式下肢康复训练机器人加入肌力评定方法，通过在控制过程中实时采集下肢肌力、康复时间等康复数据，依据康复治疗师经验，对数据进行分类处理，建立不同患者的肌力数据库，针对不同患者提供适当阻力并进行科学的肌力等级评定。

5.3 置信规则库理论及应用

英国曼彻斯特大学的杨建波教授于 2006 年最先提出 BRB 的概念[92]。随后，火箭军工程大学周志杰教授丰富和发展了 BRB 理论内容，在原有 BRB 理论的基础上系统完整地提出了 BRB 结构优化学习方法[93,94]。近年来，许多学者致力于 BRB 理论的探索及扩展，并将其在医疗决策领域进行应用。北京大学的孔桂兰基于 BRB 建立了临床决策支持系统和用于心脏性胸痛患者危险分层的临床评估决策支持系统，较好地处理了临床领域知识和临床数据的不确定性[95, 96]。吉大港国际伊斯兰大学 Saifur Rahaman 研究了基于置信规则库的糖尿病诊断专家系统，提高了诊断的准确性并降低了成本[97]。

一个基本的置信规则库模型是由一系列的 If-Then 规则 [式（5-1）] 组成的。如果在每个 If-Then 规则的结果部分给出置信度，并且同时考虑每个 If-Then 规则的前提属性权重和规则权重，即可以得到置信规则。把一系列的置信规则集合到一起，便构成了 BRB[98-103]。对 BRB 具体描述如下 [其中，式（5-2）是对 BRB 的第 k 条置信规则的描述[103]]：

$$R_k : \text{If } A_1^k \wedge A_2^k \wedge \cdots \wedge A_{M_k}^k, \quad \text{Then} D_k \tag{5-1}$$

式中，$A_i^k \in A_i (i = 1, 2, \cdots, M_k)$，表示在第 k 条规则中第 i 个前提属性的参考值；M_k 表示在第 k 条规则中前提属性的个数；$D_k (D_k \in D)$ 表示第 k 条规则的结果。

$$R_k : \text{If } A_1^k \wedge A_2^k \wedge \cdots \wedge A_{M_k}^k, \quad \text{Then} \left\{ (D_1, \beta_{1,k}), \cdots, (D_N, \beta_{N,k}) \right\}$$
$$\text{With a rule weight } \theta_k \text{ and attribute weight } \delta_{1,k}, \delta_{2,k}, \cdots, \delta_{M_k,k} \tag{5-2}$$

式中，$A_i^k (i = 1, 2, \cdots, M_k; k = 1, 2, \cdots, L)$ 表示在第 k 条规则中第 i 个前提属性的参考值 [M_k 表示第 k 条规则中前提属性的个数，L 表示 BRB 规则的数目；$A_i^k \in A_i$，且 $A_i = \{ A_{i,j} \mid j = 1, \cdots, J_m \}$，表示由第 i 个前提属性的 J_m 个参考值所组成的集合]；$\beta_{j,k} (j = 1, \cdots, N; k = 1, 2, \cdots, L)$ 表示第 j 个评价结果 D_j 在第

k 条 BRB 中相对于 BRB 中 Then 部分的置信度（当 $\sum\limits_{j=1}^{N}\beta_{j,k} \neq 1$ 时，称第 k 条规则是不完整的。当 $\sum\limits_{j=1}^{N}\beta_{j,k} = 1$ 时，称第 k 条规则是完整的）；$\theta_k (k=1,2,\cdots,L)$ 可以理解为通过第 k 条规则相对于 BRB 中其他规则的规则权重来映射其重要度；$\delta_{i,k} (i=1,2,\cdots,M_k; k=1,2,\cdots,L)$ 可以用来描述第 i 个前提属性在第 k 条规则中相对于其他前提属性的规则权重。如果 BRB 中共有 M 个前提属性，那么可以得到 $\delta_i = \delta_{i,k}$，$\overline{\delta}_i = \dfrac{\delta_i}{\max\limits_{i=1,2,\cdots,M}\{\delta_i\}}$，式中：$i=1,2,\cdots,M; k=1,2,\cdots,L$。

在下肢康复状态评估过程中，患者的健康状态可以由其使用下肢机器人的过程得到的主动抗阻力矩、康复时间等健康特征量表征。每一个特征量都可以作为 BRB 的一个输入，即 BRB 的前提属性。通过一系列的特征量，形成置信规则，推理得出患者下肢的康复状态。在这一过程中，主动抗阻力矩、康复时间等特征量的重要性、参考值等都可以通过康复医生的定性知识确定，作为 BRB 模型的参数。所以，在下肢康复状态评估研究中，引入 BRB 理论将是行之有效的。本书在深入研究 BRB 理论体系的基础上，致力于利用 BRB 进行患者下肢的健康评估及预测研究，并对 BRB 理论及在肢体康复状态评估方面的应用进行丰富和扩展。

5.4 基于 BRB 的卧式下肢康复训练机器人康复效果评估模型

基于 BRB 的人体下肢康复效果评估框图，如图 5.1 所示。首先，采集真实有效的定量测试数据和专家定性知识，基于康复评估量化指标，并且依据康复运动机理，设置特征量的约束条件，在量化康复评估参数的基础上，采用置信规则库理论进行康复程度评估建模研究，最终，更真实地反映患者的康复程度。

图 5.1　基于 BRB 的人体下肢康复效果评估框图

为对患者下肢康复状态进行评估，首先应建立患者下肢健康状态与特征量之间的非线性关系，具体关系模型如下：

$$H = f\left(x_{1t}, x_{2t}, \cdots, x_{Mt}, V\right) \tag{5-3}$$

式中，H 表示患者下肢的健康状态；x 表示评估系统特征量；f 表示非线性关系；V 表示模型参数。本节将基于 BRB 理论，利用系统采集主动抗阻力矩、主动康复时间等特征量，建立特征量与系统健康状态之间的非线性模型。

基于 BRB 建立患者下肢健康评估模型时，首先提取表征患者下肢健康状态的特征量作为 BRB 的输入，计算得出健康评估结果。其次，为了提高模型的精度，建立参数优化模型，基于 Fmincon 优化算法对 BRB 模型参数进行优化更新。最后，利用训练后的模型实现系统的康复状态评估。

在患者下肢健康评估 BRB 模型中，第 k 条 BRB 规则如下所示：

$$R_k : \text{If } x_1 \text{ is } A_1^k \wedge x_2 \text{ is } A_2^k \wedge \cdots \wedge x_M \text{ is } A_M^k$$
$$\text{Then} \left\{ \left(D_1, \beta_{1,k}\right), \left(D_2, \beta_{2,k}\right), \cdots, \left(D_N, \beta_{N,k}\right) \right\} \tag{5-4}$$
$$\text{with a rule weight } \theta_k \text{ and attribute weight } \delta_1, \delta_2, \cdots, \delta_M$$

式中，$x_i (i = 1, 2, \cdots, M)$ 为 BRB 输入，即表征患者下肢健康特征量；$A_i^k (i = 1, 2, \cdots, M)$ 代表第 i 个前提属性的参考值；M 表示在第 k 条规则中前提属性的个数；$D_j (j = 1, 2, \cdots, N)$ 代表第 j 个评估结果，N 表示评估结果的个数；$\beta_{j,k}$ 代表第 k 条规则中第 j 个评估结果的置信度；θ_k 代表第 k 条规则的权重；δ_i 代表第 i 个前提属性的权重。如果 $\sum_{j=1}^{N} \beta_{j,k} = 1$，则表示第 k 条规则是完整的，否则是不完整的。

5.4.1 基于 ER 的规则推理过程

在 BRB 的规则推理过程中，利用证据推理（evidential reasoning，ER）算法对置信规则进行组合推理，得到最后的系统输出，这就是基于证据推理算法的置信规则库推理方法（belief rule-base inference methodology using the evidential reasoning approach，RIMER）[103, 104]。整个推理过程主要由 3 步组成[99]。

第 1 步：计算前提属性匹配度，即特征量匹配度。匹配度表明了前提属性匹配一条规则的程度。

第 k 条规则中，前提属性匹配度计算如下：

$$a_i^k = \begin{cases} \dfrac{A_i^{l+1} - x_i}{A_i^{l+1} - A_i^l}, k = l(A_i^l \leqslant x_i \leqslant A_i^{l+1}) \\ 1 - a_i^k, k = l+1 \\ 0, k = 1, 2, \cdots, N(k \neq l, l+1) \end{cases} \tag{5-5}$$

式中，a_i^k 代表第 k 条规则中第 i 个前提属性的匹配度；A_i^l 和 A_i^{l+1} 分别代表邻近的两条规则中第 i 个前提属性参考值。

第 2 步：计算激活权重，即模型特征量输入对规则的激活权重。在 BRB 模型中，输入数据中的前提属性会激活置信规则库中的规则，由于匹配度不同，不同规则的激活程度也不一样。

第 k 条规则的激活权重可以表示为：

$$\omega_k = \frac{\theta_k \prod\limits_{i=1}^{N} (a_i^k)^{\overline{\delta_i}}}{\sum\limits_{l=1}^{L} \theta_l \prod\limits_{i=1}^{N} (a_i^l)^{\overline{\delta_i}}} \tag{5-6}$$

式中，ω_k 表示第 k 条规则的激活权重；θ_k 表示第 k 条规则的规则权重；$\overline{\delta_i}$ 表示属性权重；a_i^k 表示属性输入相对于第 k 规则中第 i 个属性的匹配度。

第 3 步：利用 ER 算法的规则推理。

在 BRB 模型的决策过程中，利用 ER 算法进行规则推理，由证据推理解析算法对 BRB 中所有规则进行组合，得到 BRB 的最终输出为：

$$S(x) = \left\{ (D_j, \hat{\beta}_j), j = 1, 2, \cdots, N \right\} \tag{5-7}$$

式中，$\hat{\beta}_j$ 表示相对于评价结果 D_j 的置信度，且

$$\hat{\beta}_j = \frac{\mu \times \left[\prod\limits_{k=1}^{L} \left(\omega_k \beta_{j,k} + 1 - \omega_k \sum\limits_{i=1}^{N} \beta_{i,k} \right) - \prod\limits_{k=1}^{L} \left(1 - \omega_k \sum\limits_{i=1}^{N} \beta_{i,k} \right) \right]}{1 - \mu \times \left[\prod\limits_{k=1}^{L} (1 - \omega_k) \right]} \tag{5-8}$$

$$\mu = \left[\sum\limits_{j=1}^{N} \prod\limits_{k=1}^{L} \left(\omega_k \beta_{j,k} + 1 - \omega_k \sum\limits_{i=1}^{N} \beta_{i,k} \right) - (M-1) \prod\limits_{k=1}^{L} \left(1 - \omega_k \sum\limits_{i=1}^{N} \beta_{i,k} \right) \right]^{-1} \tag{5-9}$$

式中，$\hat{\beta}_j$ 是规则权重 θ_k、属性权重 $\overline{\delta_i}$ 和置信度 $\beta_{j,k}$ 的函数；N 表示评价结果的个数；激活权重 ω_k 如式（5-6）所示。

假设评价结果 D_j 的效用为 $\mu(D_j)$，则 $S(X)$ 的期望效用为：

$$\mu(S(X)) = \sum_{j=1}^{M} \mu(D_j) \beta_j \qquad (5\text{-}10)$$

式中，β_j 表示输出相对于 D_j 的置信度。

因此，基于 BRB 的健康评估模型输出，也就是 $\hat{y}$，表示为：

$$\hat{y} = \mu(S(X)) \qquad (5\text{-}11)$$

5.4.2 基于 Fmincon 算法的 BRB 参数优化

初始 BRB 参数通常由康复科专家根据经验知识和历史信息给定，然而在特殊情况下康复科专家难以确定这些参数的精确值。尤其在下肢康复训练过程中各个患者病情各异、诊断准确度要求高的情况下，初始 BRB 输出的下肢康复效果诊断结果与真实结果就会产生偏差，评估精度下降。因此，为提高评估精度，需对初始 BRB 进行优化，优化的目的是最小化实际输出结果和初始 BRB 输出结果间的误差。本书采用一种适用于求解非线性目标函数最小值的 Fmincon 优化函数。

BRB 参数向量 $V = [\theta^1 \cdots \theta^k \cdots \delta^1 \cdots \delta^m \cdots \beta_1^k \cdots \beta_n^k]^{\mathrm{T}}$，其约束条件为：

$$\begin{cases} \min MSE\left(y\left(\theta^k, \delta^m, \beta_n^k\right)\right) \\ 0 \leqslant \theta_k \leqslant 1 \\ 0 \leqslant \beta_n^k \leqslant 1 \\ \sum_{n=1}^{N} \beta_n^k \leqslant 1, \ k = 1, 2, \cdots, L \end{cases} \qquad (5\text{-}12)$$

目标函数为：

$$MSE = \frac{1}{T} \sum_{i=1}^{T} (y_i - y_{ir})^2 \qquad (5\text{-}13)$$

式中，T 为采集次数；y_i 为目标函数输出理论值；y_{ir} 为真实值。

根据参数优化模型，利用 Fmincon 优化算法，对模型进行训练，得到最优的模型参数，准确地对系统健康状态进行评估。

5.5　基于 BRB 的卧式下肢康复训练机器人康复效果评估

本节以 5.1 节中表 5.1 确定康复 4 级下肢健康评估为背景，基于本章建立的患者下肢健康评估模型对下肢进行健康评估。康复 4 级下肢康复状态的主要参考指标为下肢肌力和关节运动时间等。通过对下肢运动康复机理分析，选取下肢主动抗阻力矩和康复训练时间为特征量，分别表示为 ARTLL（active resistance torque of lower limb）和 RTT（rehabilitation training time），进行健康评估仿真验证。同时，在康复医师指导下，又将脑卒中康复 4 级具体分为 5 种级别以进行健康状态评估仿真实例验证。设计 5 种不同下肢主动阻抗力矩值的实验，表示为 E0、E1、E2、E3 和 E4，并假设 5 组实验下患者下肢的健康状态分别为正常（normal）、一级（first-degree fault）、二级（second-degree fault）、三级（third-degree fault）和四级（fourth-degree fault）。

5.5.1　BRB 健康评估模型的建立

在获取系统定量数据的基础上，利用专家知识等定性知识，即半定量信息，建立下肢主动康复过程的健康评估模型。对于 RTT，根据专家经验，选取 4 个参考值，分别为短（short）、正常（normal）、长（long）和高（very long），分别表示为 S、N、L 和 VL，即：

$$A_1^k \in \{S, N, L, VL\} \tag{5-14}$$

同样，对于 ARTLL，选取 4 个参考值，分别为 small、normal、big 和 very big，分别用 S、N、B 和 VB 表示，即：

$$A_2^k \in \{S, N, B, VB\} \tag{5-15}$$

对于评价结果，由实验可知，共 5 种健康状态，分别表示为 I、II、III、IV 和 V，即：

$$D = (D_1 \quad D_2 \quad D_3 \quad D_4 \quad D_5) = (\text{I} \quad \text{II} \quad \text{III} \quad \text{IV} \quad \text{V}) \tag{5-16}$$

BRB 的输入特征量共有 4 个参考值，由此可建立 16 条初始置信规则来评估系统的健康状态。第 k 条规则如式（5-17）所示。利用专家知识设置 BRB 初始置信度如表 5.1 所示。

R_k: If ARTLL is $A_1^k \wedge$ RTT is A_2^k,

Then Health-condition is $\left\{ \left(Z, \beta_{1,k}\right), \left(\mathrm{I}, \beta_{2,k}\right), \left(\mathrm{II}, \beta_{3,k}\right), \left(\mathrm{III}, \beta_{4,k}\right), \left(\mathrm{IV}, \beta_{5,k}\right) \right\}$

with rule weight θ_k, attribute weight $\delta_1, \delta_2, \cdots, \delta_5$

$$(5-17)$$

5.5.2　仿真实验

为了验证建立的健康评估模型的有效性，以本节实验为背景进行仿真分析验证。在实验过程中，康复机器人曲柄转速为 100r/min。采集 4000 组不同状态下的特征量值，如图 5.2 所示，其中采样间隔为 1s。

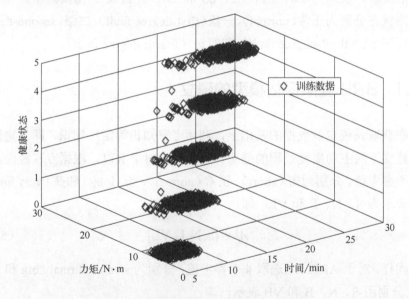

图 5.2　主动康复过程 5 个等级的实验数据

首先，根据专家经验及采样数据特征对特征量及评价结果的语义参考值进行量化，如表 5.2～表 5.5 所示。

根据量化结果及表 5.3 所示 BRB 模型中康复专家给定的初始参数，建立初始 BRB 评估模型。为了对初始 BRB 进行训练，整个仿真过程在 Matlab 中进行。

表 5.2　BRB 模型中康复专家给定的初始参数

规则序号	RTT AND ARTLL	故障程度分析 $\{D_1,D_2,D_3,D_4,D_5\}=\{0,1,2,3,4\}$
1	S AND S	$\{(D_1,0.9),(D_2,0.1),(D_3,0),(D_4,0),(D_5,0)\}$
2	S AND N	$\{(D_1,0.9),(D_2,0.1),(D_3,0),(D_4,0),(D_5,0)\}$
3	S AND B	$\{(D_1,0),(D_2,0),(D_3,0.1),(D_4,0.8),(D_5,0.1)\}$
4	S AND VB	$\{(D_1,0),(D_2,0),(D_3,0),(D_4,0.1),(D_5,0.9)\}$
5	N AND S	$\{(D_1,0.9),(D_2,0.1),(D_3,0),(D_4,0),(D_5,0)\}$
6	N AND N	$\{(D_1,1),(D_2,0),(D_3,0),(D_4,0),(D_5,0)\}$
7	N AND B	$\{(D_1,0),(D_2,1),(D_3,0),(D_4,0),(D_5,0)\}$
8	N AND VB	$\{(D_1,0),(D_2,0),(D_3,1),(D_4,0),(D_5,0)\}$
9	L AND S	$\{(D_1,0),(D_2,0.9),(D_3,0.1),(D_4,0),(D_5,0)\}$
10	L AND N	$\{(D_1,0.1),(D_2,0.8),(D_3,0.1),(D_4,0),(D_5,0)\}$
11	L AND B	$\{(D_1,0),(D_2,0),(D_3,0),(D_4,1),(D_5,0)\}$
12	L AND VB	$\{(D_1,0),(D_2,0),(D_3,0),(D_4,0.1),(D_5,0.9)\}$
13	VL AND S	$\{(D_1,0),(D_2,0),(D_3,0.4),(D_4,0.6),(D_5,0)\}$
14	VL AND N	$\{(D_1,0),(D_2,0),(D_3,0.1),(D_4,0.9),(D_5,0)\}$
15	VL AND B	$\{(D_1,0),(D_2,0),(D_3,0),(D_4,0.2),(D_5,0.8)\}$
16	VL AND VB	$\{(D_1,0),(D_2,0),(D_3,0),(D_4,0),(D_5,1)\}$

表 5.3　下肢主动阻抗力矩的属性参考值

语义值	S	N	B	VB
量化值	7	12	17	22

表 5.4　主动阻抗康复时间的属性参考值

语义值	S	N	L	VL
量化值	10	15	20	25

表 5.5　健康状态的参考值

语义值	Z	I	Ⅱ	Ⅲ	Ⅳ
量化值	0	1	2	3	4

根据专家给出的初始参数，不考虑特征量权重，θ_k、δ_i 均设置为 1，可得健康评估结果，如图 5.3 所示，其中图（a）是健康评估结果三维图，图（b）是时间尺度下的二维图，可以更加清晰直观地表示评估结果。由图可知，评估结果与训练数据的拟合程度并不高。

为了弥补专家经验的主观性，得到更加准确的系统评估模型，根据 5.4.2 节建立的优化模型，基于 Fmincon 优化算法，对初始 BRB 进行参数更新。训练后的 BRB 参数如表 5.6 所示，评估结果如图 5.4 所示。由图 5.4 可以看出，参数更新后的输出结果可以很好地拟合训练数据。

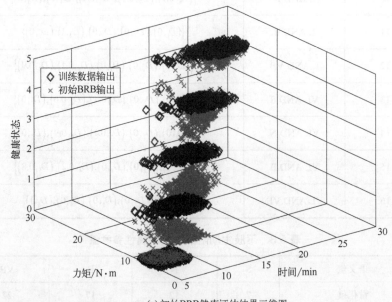

(a) 初始BRB健康评估结果三维图

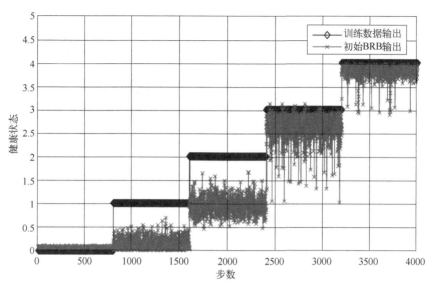

(b) 初始BRB健康评估结果二维图

图 5.3　初始 BRB 的健康评估结果

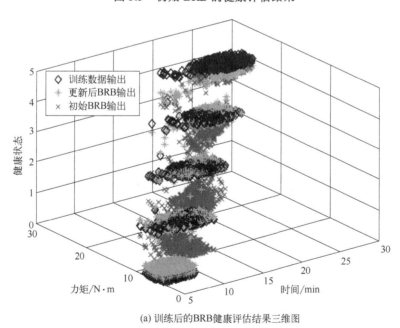

(a) 训练后的BRB健康评估结果三维图

图 5.4

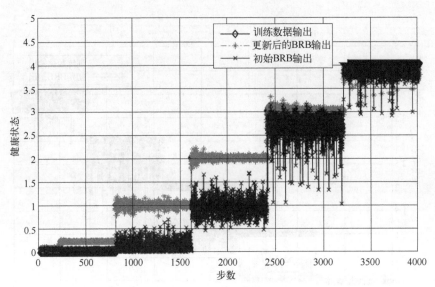

(b) 训练后的BRB健康评估结果二维图

图 5.4　训练后的 BRB 健康评估结果

表 5.6　更新后的 BRB 模型参数

规则序号	ARTLL AND RTT	故障程度分析 $\{D_1, D_2, D_3, D_4, D_5\} = \{0,1,2,3,4\}$
1	S AND S	$\{(D_1, 0.7316), (D_2, 0.2655), (D_3, 0.0099), (D_4, 0.0098), (D_5, 0.0098)\}$
2	S AND N	$\{(D_1, 0.6165), (D_2, 0.2360), (D_3, 0.0044), (D_4, 0.0294), (D_5, 0.1177)\}$
3	S AND L	$\{(D_1, 0.1499), (D_2, 0.0551), (D_3, 0.0904), (D_4, 0.6947), (D_5, 0.0099)\}$
4	S AND VL	$\{(D_1, 0), (D_2, 0), (D_3, 0), (D_4, 0.1), (D_5, 0.9)\}$
5	N AND S	$\{(D_1, 0.7317), (D_2, 0.2654), (D_3, 0.0096), (D_4, 0.0098), (D_5, 0.0098)\}$
6	N AND N	$\{(D_1, 0.3385), (D_2, 0.0804), (D_3, 0.0075), (D_4, 0.2735), (D_5, 0.4001)\}$
7	N AND L	$\{(D_1, 0.0079), (D_2, 0.2090), (D_3, 0.0097), (D_4, 0.2574), (D_5, 0.5319)\}$
8	N AND VL	$\{(D_1, 0.0058), (D_2, 0.0021), (D_3, 0.5961), (D_4, 0.0981), (D_5, 0.3050)\}$
9	B AND S	$\{(D_1, 0), (D_2, 0.9), (D_3, 0.1), (D_4, 0), (D_5, 0)\}$
10	B AND N	$\{(D_1, 0.0143), (D_2, 0.7603), (D_3, 0.0989), (D_4, 0.0416), (D_5, 0.0849)\}$
11	B AND L	$\{(D_1, 0.0099), (D_2, 0.0034), (D_3, 0.0078), (D_4, 0.2692), (D_5, 0.7287)\}$

规则序号	ARTLL AND RTT	故障程度分析 $\{D_1,D_2,D_3,D_4,D_5\}=\{0,1,2,3,4\}$
12	B AND VL	$\{(D_1,0.0099),(D_2,0.0099),(D_3,0.0022),(D_4,0.2822),(D_5,0.7158)\}$
13	VB AND S	$\{(D_1,0),(D_2,0),(D_3,0.4),(D_4,0.6),(D_5,0)\}$
14	VB AND N	$\{(D_1,0),(D_2,0),(D_3,0.1),(D_4,0.9),(D_5,0)\}$
15	VB AND L	$\{(D_1,0.0099),(D_2,0.0099),(D_3,0.0089),(D_4,0.2333),(D_5,0.7638)\}$
16	VB AND VL	$\{(D_1,0.0098),(D_2,0.0098),(D_3,0.0016),(D_4,0.2606),(D_5,0.7358)\}$

5.5.3 对比分析

为了进一步验证所提出模型的先进性，利用隐马尔可夫算法（hidden Markov model，HMM）进行对比分析。隐马尔可夫算法在诊断、分类、预测等问题上都具有广泛的应用。同 BRB 模型仿真分析一样，在隐马尔可夫算法评估模型中，同样利用 4000 组数据进行训练，其余数据作为测试数据。基于隐马尔可夫算法的评估结果如图 5.5（a）、（b）所示，从图中可以看出，基于

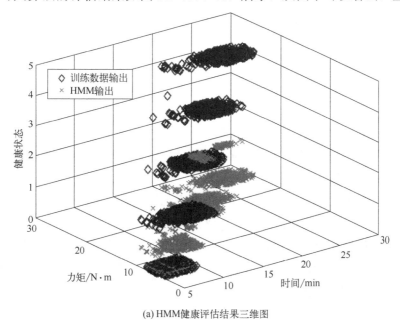

(a) HMM健康评估结果三维图

图 5.5

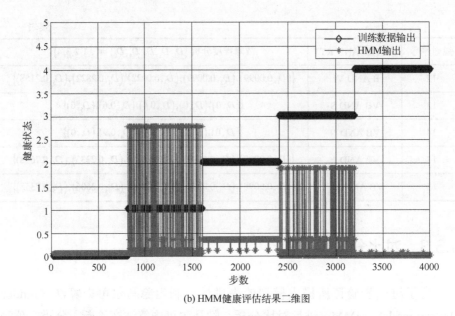

(b) HMM健康评估结果二维图

图 5.5　隐马尔可夫算法健康评估结果

HMM 的康复程度评估模型不能很好地拟合理想输出，偏差较大。通过对比分析可知，相较于隐马尔可夫算法健康评估模型，本章提出的基于 BRB 的患者下肢健康评估模型具有较高的准确性及有效性。

5.6　本章小结

① 基于肌力评定方法和置信规则库（BRB）理论，结合临床康复理论、专家临床经验和采集的真实有效的下肢康复状态的定量测试数据建立了康复程度评估模型。

② 为避免专家经验等定性知识的主观性，采用了 Fmincon 优化算法提高模型的评估精度，对初始 BRB 评估模型进行优化。

③ 通过基于评估模型 BRB 与隐马尔可夫的算法评估模型进行对比分析，验证了置信规则库评估计法的正确性和先进性，为患者康复运动量的设定、避免欠康复或过度康复奠定基础。

第 **6** 章

卧式下肢康复训练机器人
实验平台

6.1 概述

　　基于前文的卧式下肢康复训练机器人关键技术理论分析与虚拟样机模型设计，本章对卧式下肢康复训练机器人的原理样机进行搭建，开发卧式下肢康复训练机器人人机界面，将不同控制策略封装到对应控制模式中。研究卧式下肢康复训练机器人实验平台和测量平台，针对机器人的主要性能展开实验研究，包括被动康复训练实验、示教学习实验、助力康复训练实验、阻抗康复训练实验和鲁棒性对比实验，通过卧式下肢康复训练机器人控制系统实时采集数据和外部下肢角度测量系统采集的数据进行对比分析，综合评价卧式下肢康复训练机器人整体性能指标。

6.2 卧式下肢康复训练机器人实验平台简介

　　在对卧式下肢康复训练机器人结构、运动学、动力学和控制系统进行研究分析的基础上，基于模块设计理论搭建了卧式下肢康复训练机器人实验样机，如图 6.1 所示。它在结构上可以通过电动推杆实现高度与伸出机械臂长度自动调整，配合可调整长度转动曲柄结构，适应不同患者的身体特性，减轻康复医师的工作负担。床头固定机构便于将康复机器人固定在患者床边，配合下部支座保证康复机器人工作过程整体结构的稳定性，适合各个阶段康复治疗。

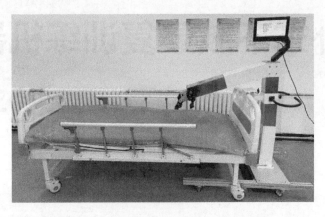

图 6.1 卧式下肢康复训练机器人实验样机

卧式下肢康复训练机器人控制系统不仅要控制卧式下肢康复训练机器人转动曲柄输出设定的转速，同时在负载变化情况下对其输出力矩进行实时的调整，要求有较好的速度和加速度性能。安全方面，采用硬件和软件两种方式确保系统安全性。硬件方面，设置急停按钮，在被动康复训练过程中，当病人出现痉挛现象或感到不适，但软件评估系统失灵，不能及响应时，患者可通过急停按钮实现驱动电机立即停止运行。软件保护方面，首先通过开发的力矩电机驱动器限制力矩电机的旋转极限速度。此外，开发的康复系统软件进行参数设置时，限制了发送到电机的极限转速和转矩，进一步保证了系统的安全性。该康复机器人电源输入为交流 220V，而各电气元件所需电源输入为 12V 和 24V，因此需要电源转换器转换。为了防止电源转换产生噪声，在各电源线安装滤波电路。

6.3 卧式下肢康复训练机器人人机界面软件开发

本书采用 C#语言开发了控制系统软件界面，C#语言类库丰富，方便与操作系统底层交互。下肢运动功能障碍的患者大多数在康复过程中会经历软瘫期、痉挛期和恢复期三个阶段，康复训练需要根据不同阶段的康复目的，采用不同的控制策略实现需要的训练模式。图 6.2 所示为卧式下肢康复训练机器人部分人机界面，为便于医护人员对卧式下肢康复训练机器人的使用，满足不同患者需求，将不同控制策略封装到相应康复模式下。使用时，治疗师可根据患者具体健康状态选择对应的康复模式，增加设备实用性。

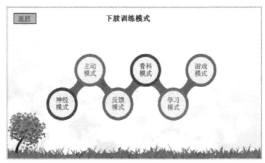

(a) 康复模式选择界面

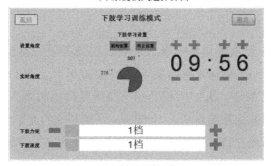

(b) 下肢学习训练模式

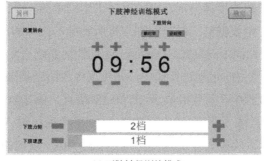

(c) 下肢神经训练模式

图 6.2

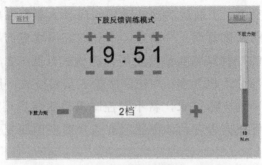

(d) 下肢反馈训练模式

图 6.2 卧式下肢康复训练机器人人机界面

6.4 卧式下肢康复训练机器人相关实验

6.4.1 卧式下肢康复训练机器人检测实验平台

为测量卧式下肢康复训练机器人运行过程的各项性能指标，如图 6.3 所示，搭建了卧式下肢康复训练机器人检测实验平台，平台由计算机系统、Qualisys 运动捕捉系统、医护床和卧式下肢康复训练机器人组成。

Qualisys 运动捕捉系统是基于 Windows 系统开发的光学运动捕捉系统。光学运动捕捉一般需要在目标物体的关键位置贴上反光点，俗称 Marker 点，利用高速红外摄像机捕捉目标物体上反光点的运动轨迹，从而反映目标物体在空间中的运动线速度、角速度等情况。理论上对于空间中的一个点，只要它能同时为两部相机所见，则根据同一时刻两部相机所拍摄的图像和相机参数，可以确定这一时刻该点在空间中的位置。Qualisys 运动捕捉系统是采用这种光学原理实时对使用者 2D 或者 3D 运动进行捕捉，并快速生成清晰准确的 2D 或者 3D 数据。在运动捕捉过程中，可实时显示 2D 和 3D 信息，确认数据采集的准确性。

本实验应用了 4 个可快速串联连接的高速捕捉相机，最大捕捉距离为10m，在普通模式下的最大捕捉速度可达到 250 帧/s，系统的测量精度可达到亚毫米级别，可以精确测量下肢康复过程中各种运动状态变化情况，确定设计的卧式下肢康复训练机器人控制系统在主动、被动和助力运行模式下的性能指标。卧姿位置设定为 $l_4=600mm$ 处，转动曲柄尺寸安装在 $l_1=150mm$ 位置。实验者身高为 1.76m，与理想身高接近，躯干与下肢固定 5 个标记点。康复过程运动捕捉系统界面，如图 6.4 所示。

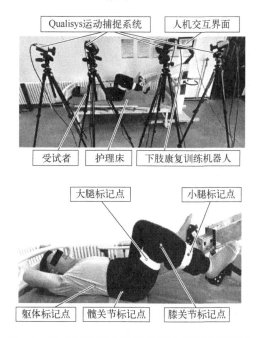

图 6.3　卧式下肢康复训练机器人检测实验平台

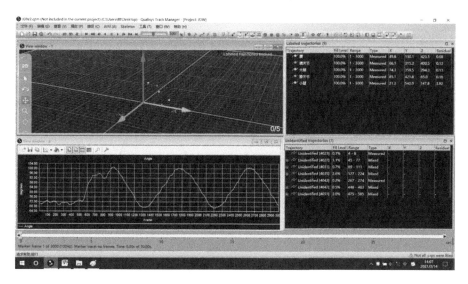

图 6.4　康复过程运动捕捉系统界面

6.4.2 被动康复训练模式实验

脑卒中、下肢损伤等疾病的患者在康复训练后期，进行康复训练的主要目的是维持处于瘫痪侧下肢的关节活动度，保持下肢关节的功能位，在稳定患者心肺功能的基础上，预防患侧下肢关节产生其他并发症。此时，患侧下肢肌张力基本为 0 至 1 级，适合采用被动康复训练方式进行康复训练。

实验过程中，受试者躺在医用病床上，双侧脚部缚在脚踏板上，因选用绝对编码器，具有零位置，故不单独设定零点位置。系统测量转动曲柄上的力矩为 T，为脚踏板上力的作用点与脚踏板到转轴的距离的乘积，顺时针为正，逆时针为负。卧式下肢康复训练机器人通过锁死机构固定在医用床头前，位置设定为保持不变；给定脚踏板转角信号，对膝关节和髋关节进行姿态训练，Qualisys 运动捕捉系统实时捕捉膝关节和髋关节角度变化情况；同时，卧式下肢康复训练机器人通过控制系统实时记录转动曲柄输出力矩变化情况，实验曲线如图 6.5 所示。为了进一步确认模糊 PID 控制系统的优越性，控制系统软件分别采用具有模糊算法和不具有模糊算法的两套软件分别进行被动康复控制，并分别对下肢关节角度进行运动捕捉。

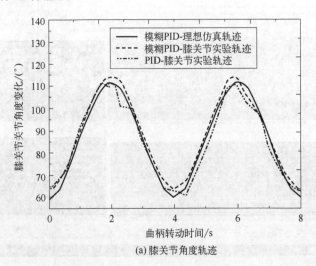

(a) 膝关节角度轨迹

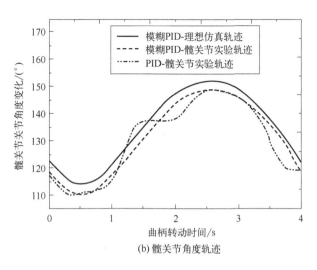

(b) 髋关节角度轨迹

图 6.5　膝关节与髋关节角度变化仿真轨迹与实验轨迹

图 6.5（a）、（b）中，由膝关节与髋关节角度仿真期望轨迹和 Qualisys 运动捕捉系统得到的实际轨迹可以看出，在被动康复模式状态下，康复训练机器人可以完成预先设定的被动训练任务；同时，说明被动康复模式采用模糊 PID 控制时，因外部干涉导致康复角度波动较小，系统鲁棒性更好。因受试者下肢比三维数模仿真中下肢略长，卧姿位置大于设定 $l_4=600mm$ 位置，实测角度曲线极限位置增大。图 6.6 为仿真时转动曲柄输出力矩曲线和实验过程中实时力矩曲线，可以看出，被动康复训练过程中力矩的变化范围较小，没有产生大的力突变，由于受试者下肢质量略轻于理论仿真时设定质量，因

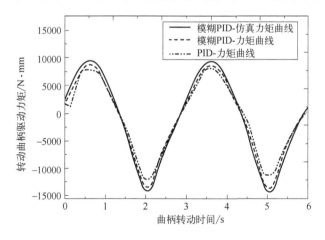

图 6.6　仿真力矩轨迹与实验力矩轨迹

此曲线并不重合。图中基于模糊 PID 的控制系统力矩曲线较采用 PID 控制系统力矩曲线更加平滑,说明基于模糊 PID 的控制系统被动康复训练过程中力变化平稳,可较好地避免因系统摩擦等产生外部扰动从而对患肢产生二次损伤。

6.4.3　康复训练学习模式实验

卧式下肢康复训练机器人在示教学习模式下工作时,主要学习康复治疗师为患者设定的康复操作,并将记录位置数据保存至控制系统的学习模式中。进行示教过程时,康复机器人复现康复治疗师的动作,因患者病情不同,关节活动范围及运动速度会有所区别。图 6.7(a)、(b)所示,为学习模式下膝

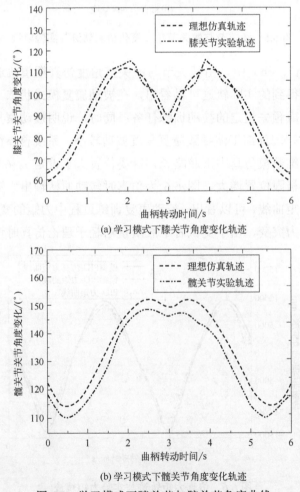

(a)学习模式下膝关节角度变化轨迹

(b)学习模式下髋关节角度变化轨迹

图 6.7　学习模式下膝关节与髋关节角度曲线

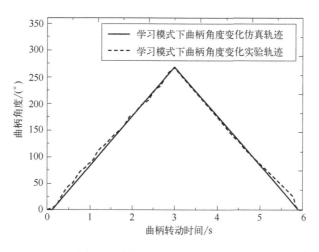

图 6.8 曲柄回转角度变化曲线

关节与髋关节角度变化轨迹，转动曲柄转速为 20r/min，匀速运动，示教角度范围为 0°～270°。膝关节与髋关节实验轨迹表明在关节运动极限位置有一定扰动，因示教过程中曲柄在 0°～270°往复运动，未做整周期运动，下肢随之进行往复运动，极限位置因电机瞬间反转而使下肢受到较大冲击。图 6.8 所示为位置编码器角度变化理想轨迹与实验轨迹，因被动示教过程中下肢主动力的存在和传动系统外部力的存在，实验曲线轨迹存在扰动，但曲线基本保持稳定，表明示教学习模式控制系统满足使用要求，可以克服外部扰动，准确、有效地进行示教学习运动控制。

6.4.4 助力康复训练模式实验

使用助力康复训练模式时，患肢已经具有一定的主动性，但是肌力不足以完成支持患肢本身重力或外力，因此，卧式下肢康复训练机器人控制系统利用患者的主动意识进行助力康复训练，重点是通过卧式下肢康复训练机器人转动曲柄上的力矩值变化，判断患者下肢的运动状态，由控制系统驱动转动曲柄提供助力，辅助患者按照自己意愿完成训练。实验过程中控制系统根据人作用在转动曲柄上的力矩判断人的主动意识。

进行助力训练实验时，康复治疗师可根据患者下肢实际康复状态为患者选择不同助力级别。图 6.9 所示分别为二级和四级助力实验轨迹，不同助力级别下卧式下肢康复训练机器人可以为受试者提供不同助力，随着级别逐渐增大，助力力矩随之增加，使患者能获得更好的助力效果。受试者缚在脚踏板上的脚运动状态变化，转动曲柄上的力矩随之变化，因伺服系统中电流与力矩呈线性关系，可以根据电流实时反馈数据对输出转矩进行控制。在图 6.9（a）和图 6.9（b）中，力矩曲线极限位置波动较大，表明随着下肢肌力逐渐恢复，患者已逐渐具有运动意识，在极限位置时关节屈曲运动中容易出现肌力变化，导致下肢康复系统产生振动。同时，系统需要根据力矩波动情况，设定力矩波动保护极限值，波动值超过极限值时系统进行软件报警。

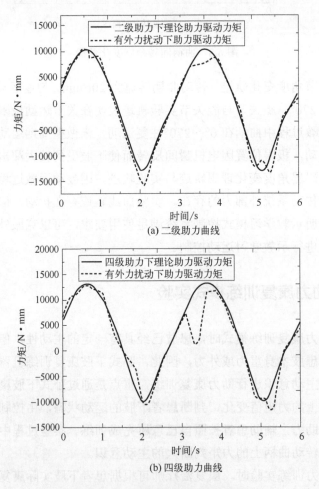

(a) 二级助力曲线

(b) 四级助力曲线

图 6.9　助力康复过程力矩变化曲线

6.4.5 阻抗康复训练模式实验

康复后期，患者的肌力可以克服外来阻力完成主动康复运动，有效地增强肌力，消除局部脂肪积聚。机器人传动机构通过曲齿减速器将力矩电机动力传递到装有转动曲柄的曲齿减速器上，通过转动曲柄最终带动下肢运动。进行主动康复训练时，传动系统再将下肢转矩传递到力矩电机上，电机工作在力矩模式下，可以通过调整力矩电机电流，控制电机阻抗力矩，从而调整设备阻抗力。

实验过程中，下肢放置在转动曲柄上，通过蹬踏转动曲柄进行主动训练，运动通过传动系统反向传递到力矩电机主轴，电机后侧绝对编码器输出患肢的运动方向和角度。力矩测量模块实时测量力矩变化，抗阻力矩可以根据使用要求实时调整。如图 6.10 和图 6.11 所示，主动训练时，人机接触力矩的变化较被动康复训练时变化很多，患者下肢关节角度周期轨迹变化不规则，是由于人下肢逐渐恢复运动机能后，主动性进一步增强；从力矩变化幅度中可以看出，主动训练过程中肌力变化很大，肌肉的收缩幅度随之增加，患者下肢肌力和耐力得到有效训练。

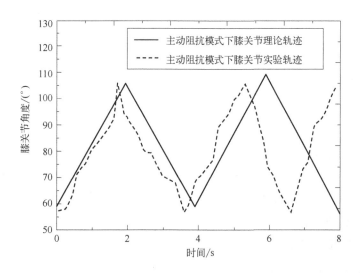

图 6.10　膝关节角度轨迹

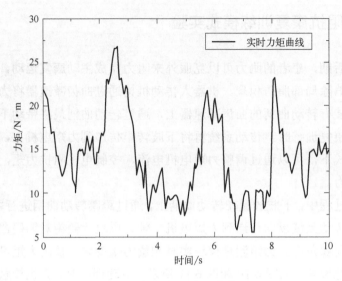

图 6.11　人机间力矩曲线

6.4.6　康复训练控制系统鲁棒性实验

前面的被动、助力和主动康复模式实验表明，含有强跟踪滤波（STF）算法的卧式下肢康复训练机器人控制系统可以实现预期功能目标，但并未将不含有 STF 算法的控制系统与之比对。在卧式下肢康复训练机器人使用过程中，由现场环境、传动系统等产生的扰动力会对主动、被动和助力康复训练控制系统产生随机干扰，影响控制系统的鲁棒性。

实验过程中，分别运行一套含有 STF 算法的被动控制模式和不含有 STF 算法的被动控制模式，转速定为 20r/min。理论状态下，上位机控制系统每次通过 RS232 串口接收驱动器传送来的编码器脉冲数为 1200，传送频率为 1kHz，两种不同控制系统在被动模式下和主动模式下的编码器返回数，如图 6.12 和图 6.13 所示。两种模式下，图 6.13（a）中不含 STF 的控制系统每次所采集的编码器数与理论值 1200 差值较大，而图 6.13（b）中差值较小，表明：对卧式下肢康复训练机器人传动系统进行建模，并加入 STF 算法，可以较好地避免传动系统和外部力的扰动，提高系统的整体鲁棒性和安全性。

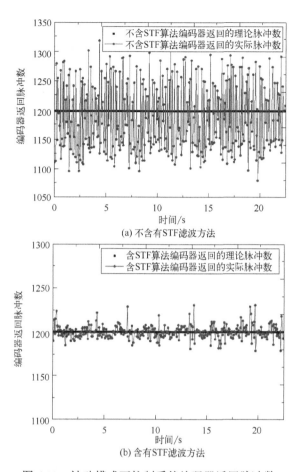

(a) 不含有STF滤波方法

(b) 含有STF滤波方法

图 6.12　被动模式下控制系统编码器返回脉冲数

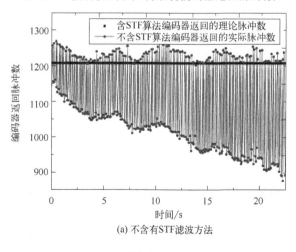

(a) 不含有STF滤波方法

图 6.13

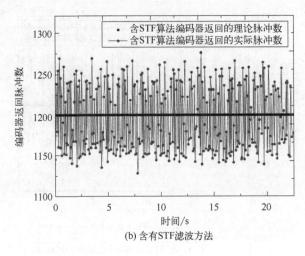

(b) 含有STF滤波方法

图 6.13 主动模式下控制系统编码器返回脉冲数

6.5 本章小结

本章中研制了卧式下肢康复训练机器人原理样机，并搭建了基于 Qualisys 运动捕捉系统的外部实时测量实验平台，利用被动康复训练控制实验、示教学习控制实验、助力康复训练控制实验、主动阻抗康复训练控制实验和鲁棒性对比实验，对系统实时采集的数据和 Qualisys 运动捕捉系统实时采集的数据进行对比分析，实验结果证明：

① 被动康复训练过程中力矩的变化范围较小，没有产生大的力突变，由于受试者下肢质量略轻于理论仿真时设定质量，因此曲线并不重合。基于模糊 PID 的控制系统力矩曲线较采用 PID 的控制系统力矩曲线更加平滑，说明基于模糊 PID 的控制系统被动康复训练过程中力变化平稳，较好地避免了因系统摩擦等产生外部扰动从而对患肢产生二次损伤。

② 在示教学习控制模式下，膝关节与髋关节实验轨迹表明，因示教过程中曲柄未做整周期运动，力矩曲线在关节运动极限位置易出现扰动；但曲线基本保持稳定，表明示教学习模式控制系统满足使用要求，可以克服外部扰动，准确、有效地进行示教学习运动控制。

③ 使用助力康复模式时，不同助力级别下卧式下肢康复训练机器人可以为受试者提供不同助力，随着级别逐渐增大，助力力矩随之增加，使患者能

获得更好的助力效果。

④ 主动康复过程实验中，力矩曲线波动值进一步增加，是由于人下肢逐渐恢复运动机能后，具有较强的主动性；从力矩变化幅度中可以看出，主动训练过程中肌力变化很大，肌肉的收缩幅度随之增加，患者下肢肌力和耐力得到有效训练。

⑤ 控制系统鲁棒性对比实验表明：对卧式下肢康复训练机器人传动系统进行建模，并加入 STF 算法，可以较好地避免传动系统和外部力的扰动，提高系统的整体鲁棒性和安全性。

参考文献

［1］李现文，成道祥. 社会非正式照护力量参与养老照护的评价专家共识［J］. 中国临床护理，2020，12（4）：310-313.

［2］林芳堃，李仰军，张银亮. 下肢康复训练机器人对脑卒中偏瘫患者下肢功能修复的影响［J］. 中国医疗器械信息，2019，25（20）：85-86.

［3］孙亚鲁. 智能化下肢康复训练机器人联合常规康复对脑卒中偏瘫患者下肢运动功能的影响［D］. 昆明：昆明医科大学，2019.

［4］李敏，徐光华，谢俊. 脑卒中意念控制的主被动运动康复技术［J］. 机器人，2017，39（05）：759-768.

［5］王静，陆蓉蓉，白玉龙. 下肢外骨骼康复机器人在脑卒中康复中的应用研究［J］. 上海电气技术，2019，12（01）：7-13.

［6］K Kammen，M A Boonstra，H V Lucas，et al. Lokomat guided gait in hemiparetic stroke patients：The effects of training parameters on muscle activity and temporal symmetry［J］. Disability and Rehabilitation，2020，42（21）.

［7］R Chaparro，D M Betsy，D Cafolla，et al. Assessing stiffness，joint torque and ROM for paretic and non-paretic lower limbs during the subacute phase of stroke using lokomat tools［J］. Applied Sciences，2020，10（18）：6168.

［8］史小华，任岭雪，廖梓宇. 空间四自由度串并混联下肢康复训练机器人设计与分析［J］. 机械工程学报，2017，53（13）：48-54.

［9］S T Aurich，A Gut，R Labruyère. The FreeD module for the Lokomat facilitates a physiological movement pattern in healthy people – a proof of concept study［J］. BioMed Central，2019，16（1）.

［10］S T Aurich，R Labruyère. An increase in kinematic freedom in the Lokomat is related to the ability to elicit a physiological muscle activity pattern：a secondary data analysis investigating differences between guidance force，path control，and FreeD［J］. Frontiers in Robotics and AI，2019.

［11］张明明. 针灸联合 Lokohelp 机器人康复治疗急性缺血性脑卒中偏瘫患者的临床观察［D］. 合肥：安徽中医药大学，2019.

［12］R Yu，O Ocah，M E Sezer. Adaptive robust sampled-data control of a class of systems under structured perturbations［J］. IEEE Transactions on Automaic Control，1993，38：1707-1713.

[13] J Yoon，B Novandy，C Yoon，et al. A 6-DOF gait rehabilitation robot with upper and lower limb connections that allows walking velocity updates on various terrains［J］. IEEE/ASME Transactions on Mechatronics，2010，15（2）：201-215.

[14] 田川. 基于Flexbot下肢康复训练机器人平台的多步态协同康复模式设计与实现［D］. 深圳：深圳大学，2019.

[15] S Chen，W Yang，S Li，et al. Lower limb rehabilitation robot［C］. ASME/IFToMM International Conference on Reconfigurable Mechanisms and Robots. IEEE，2009.

[16] 张冲，覃美相. 下肢步态康复训练机器人的临床应用研究［J］. 微创医学，2020，15（03）：275-278.

[17] 李慧，陈颖伟，喻洪流，等. 下肢外骨骼康复机器人运动感知系统的研究进展［J］. 中华物理医学与康复杂志，2021，43（1）：82-86.

[18] 王雨昕. 基于OpenSim/Matlab的膝关节康复训练控制研究［D］. 哈尔滨：哈尔滨工程大学，2019.

[19] B I Ekso. Patent issued for systems and methods for transferring exoskeleton trajectory sequences ［J］. Biotech Business Week，2019.

[20] H Fritz，D Patzer，S S Galen. Robotic exoskeletons for reengaging in everyday activities：Promises，pitfalls，and opportunities［J］. Disability and Rehabilitation，2019，41（5）：560-563.

[21] P Gad，Y Gerasimenko，S Zdunowski，et al. Weight bearing over-ground stepping in an exoskeleton with non-invasive spinal cord neuromodulation after motor complete paraplegia［J］. Frontiers in Neuroscience，2017，11：333.

[22] N A Louis，E Alberto，E F Gerard，et al. The ReWalkReStore™ soft robotic exosuit：A multi-site clinical trial of the safety，reliability，and feasibility of exosuit-augmented post-stroke gait rehabilitation［J］. Journal of NeuroEngineering and Rehabilitation，2020，17（1）.

[23] K Hiroaki，H Tomohiro，S Takeru，et al. Development of single leg version of HAL for hemiplegia ［C］. 31st Annual International Conference of the IEEE EMBS Minneapolis，Minnesota，USA，2009. United States：IEEE Computer Society，5038-5043.

[24] 贾山，韩亚丽，路新亮. 基于人体特殊步态分析的下肢外骨骼机构设计［J］. 机器人，2014，36（04）：392-401，410.

[25] 陈殿生，宁萌，阮子喆，等. 电动往复式步态矫形器机构优化设计［J］. 机械工程学报，2015，51（21）：33-41.

[26] D Wang，K-M Lee，J Ji. A passive gait-based weight-support lower extremity exoskeleton with compliant joints［C］. IEEE Transactions on Robotics，2016，32（4）：933-942.

[27] M Y Gao，Z L Wang，Z X Pang et al. Design and optimization of exoskeletion structure of lower limb knee joint based on cross four-bar linkage [J]. AIP Advance，2021，11，065124.

[28] L Zhou，W Chen. Design of a passive lower limb exoskeleton for walking assistance with gravity compensation [J]. Mechanism and Machine Theory，2020，150：1-19.

[29] J Wang，Y Fei，W Chen. Integration，sensing，and control of a modular soft-rigid pneumatic lower limb exoskeleton [J]. Soft Robot，2020，7（2）：140-154.

[30] 高爱丽，高荣慧，王勇. MOTOmed 康复训练器下肢康复效果影响因素的模拟仿真分析 [J]. 中国康复理论与实践，2015，21（07）：748-752.

[31] 史小华，王洪波，孙利，等. 外骨骼型下肢康复训练机器人结构设计与动力学分析 [J]. 机械工程学报，2014，50（3）：41-48.

[32] D B Popović. Advances in functional electrical stimulation [J]. Journal of Electromyography & Kinesiology，2014，24（6）：795-802.

[33] 卢利萍，桑德春，季淑凤. 下肢康复机器人 LR2 训练对偏瘫患者下肢痉挛和 ADL 能力改善的疗效观察 [J]. 中国康复医学杂志，2018（33）：45-49.

[34] 贾丙琪，毕文龙，魏笑，等. 一种多功能下肢外骨骼机器人的设计与仿真分析 [J]. 机械传动，2021，45（1）：59-64.

[35] 冯永飞. 坐卧式下肢康复机器人结构设计与协调控制研究 [D]. 秦皇岛：燕山大学，2018.

[36] 伊蕾，张立勋，于彦春. 助行康复机器人助力行走控制研究 [J]. 华中科技大学学报：自然科学版，2014（12）：46-51.

[37] 林木松. 坐卧式下肢康复训练机器人机械设计及虚拟训练系统开发 [D]. 秦皇岛：燕山大学，2017.

[38] 杨浩，韩建海，李向攀. 卧式下肢康复训练机器人力觉拖动示教研究 [J]. 机械设计与制造，2020（5）：272-275.

[39] S Hussain，S Q Xie，P K Jamwal. Control of a robotic orthosis for gait rehabilitation [J]. Robotics and Autonomous Systems，2013，61（9）：911-919.

[40] S I Xie，J P Mei，H T Liu，et al. Hysteresis modeling and trajectory tracking control of the pneumatic muscle actuator using modified Prandtl–Ishlinskii model [J]. Mechanism and Machine Theory，2018，120：213-224.

[41] C Shang，G L Tao，D Y Meng. Adaptive robust trajectory tracking control of a parallel manipulator driven by pneumatic cylinders [J]. Advances in Mechanical Engineering，2016，8（4）.

[42] 孙洪颖. 卧式下肢康复训练机器人研究 [D]. 哈尔滨：哈尔滨工程大学，2011.

[43] 姜礼杰. 普惠性下肢精准康复机器人的设计及实现 [D]. 合肥：合肥工业大学，2017.

[44] 张立勋，伊蕾，白大鹏. 六连杆助行康复机器人鲁棒控制 [J]. 机器人，2011，33（05）：585-591.

[45] S Komada，Y Hashimoto，N Okuyama，et al. Development of a biofeedback therapeutic exercise supporting manipulator [J]. IEEE Transactions on Industrial Electronics. 2009，26（10）：914-3920.

[46] 马艳. 新型卧式下肢康复训练机器人机械系统设计 [J]. 现代制造技术与装备，2019（12）：94-95.

[47] 王玉杰. 下肢外骨骼助行机器人对脑卒中患者下肢功能及肌电信号的影响 [D]. 郑州：郑州大学，2020.

[48] 张玉明，吴青聪，陈柏，等. 下肢软质康复外骨骼机器人的模糊神经网络阻抗控制 [J]. 机器人，2020，42（4）：477-484.

[49] T P Luu，K H Low，X Qu，et al. Hardware development and locomotion control strategy for an over-ground gait trainer：NaTUre-gaits [J]. IEEE Journal on Translational Engineering in Health and Medicine，2014，（2）：1-9.

[50] 李峰，吴智政，钱晋武. 下肢康复训练机器人步态轨迹自适应控制 [J]. 仪器仪表学报，2014，35（9）：2027-2036.

[51] 尹贵，张小栋，陈江城，等. 下肢康复训练机器人按需辅助自适应控制方法 [J]. 西安交通大学学报，2017，51（10）：2-9.

[52] 彭亮，侯增广，王卫群. 康复机器人的同步主动交互控制与实现 [J]. 自动化学报，2015，41（11）：1837-1846.

[53] B Koopman，E H V Asseldonk，H V D Kooij. Selective control of gait subtasks in robotic gait training：Foot clearance support in stroke survivors with a powered exoskeleton [J]. Journal of Neuroengineering and Rehabilitation，2013，10（2）：1-21.

[54] A Duschau-Wicke，J V Zitzewitz，A Caprez，et al. Path control：A method for patient-cooperative robot-aided gait rehabilitation [J]. IEEE Transactions on Neural Systems and Rehabilitation Engineering，2010，18（1）：38-48.

[55] H Y Yu，S N Huang，G Chen. Human-robot interaction control of rehabilitation robots with series elastic actuators [J]. IEEE Transactions on Robotics，2015，31（5）：1089-1100.

[56] K Bram，H F Edwin，V D K Herman. Estimation of human hip and knee multi-joint dynamics using the LOPES gait trainer [J]. Journal of Robotics & Machine Learning，2016.

[57] 黄明. 气动肌肉腕关节和下肢康复机器人及其控制技术研究 [D]. 武汉：华中科技大学，2017.

[58] J T Gwin，D P Ferris. An EEG-based study of discrete isometric and isotonic human lower limb muscle contractions [J]. Journal of Neuroengineering and Rehabilitation，2012，9（1）：35-45.

[59] Y H Yin，Y J Fan，L D Xu. EMG and EPP-integrated human-machine interface between the paralyzed

and rehabilitation exoskeleton [J]. IEEE Transactions on Information Technology in Biomedicine, 2012, 16 (4): 542-549.

[60] 佟丽娜, 侯增广, 彭亮, 等. 基于多路 sEMG 时序分析的人体运动模式识别方法 [J]. 自动化学报, 2014, 40 (5): 810-821.

[61] 阳小勇, 王子羲, 季林红, 等. 上肢肩肘关节运动功能的综合性运动学评价指标 [J]. 清华大学学报 (自然科学版), 2006, 46 (2): 172-175.

[62] 季林红, 张宇博, 王子羲, 等. 基于自适应 Chirplet 分解的偏瘫肌强直症状评估 [J]. 清华大学学报 (自然科学版), 2007, 47 (5): 627-630.

[63] 张金龙. 基于虚拟现实技术的手指康复系统研究 [D]. 武汉: 华中科技大学, 2012.

[64] 王歌. 基于下肢外骨骼康复机器人的康复评价系统研究 [D]. 天津: 河北工业大学, 2013.

[65] 于兑生, 恽晓平. 运动疗法与作业疗法 [M]. 北京: 华夏出版社, 2002.

[66] A I Kapandji. The physiology of the joints: The lower limb [M]. People's Military Medical Press, Beijing, China, 2014: 72-73.

[67] 刘静民. 中国成年人人体惯性参数国家标准的制定 [D]. 北京: 清华大学, 2004: 86-88.

[68] 刘静民, 仰红慧. 人体转动惯量的研究综述 [J]. 体育科学, 2001, 21 (4): 81-86.

[69] Y He, D Eguren, T P Luu, et al. Risk management and regulations for lower limb medical exoskeletons: A review [J]. Medical Devices, 2017, 10: 89-107.

[70] 付铁, 曹雨婷. 基于柔性关节的下肢康复机器人设计与分析 [J]. 北京理工大学学报, 2021, 41 (1): 43-47.

[71] D Buongiorno, E Sotgiu, D Leonardis et al. A novel 3 DOF wrist exoskeleton with tendon-driven differential transmission for neuro-rehabilitation and teleoperation [J]. IEEE Robotics and Automation Letters, 2018 (3): 2152-2159.

[72] Q C Wu, X S Wang, F P Du. Development and analysis of a gravity-balanced exoskeleton for active rehabilitation training of upper limb [J]. Proceedings of the Institution of Mechanical Engineers, Part C: Journal of Mechanical Engineering Science, 2016, 230 (20): 3777-3790.

[73] N Jarrasse, T Proietti, V Crocher, et al. Robotic exoskeletons: A perspective for the rehabilitation of arm coordination in stroke patients [J]. Human Neuroscience, 2014, 8: 1-13.

[74] M A M Dzahir, S I Yamamoto. Recent trends in lower-limb robotic rehabilitation orthosis: Control scheme and strategy for pneumatic muscle actuated gait trainers [J]. Robotics, 2014, 3 (2): 120-148.

[75] J Meuleman, E V Asseldonk. Design and evaluation of an admittance controlled gait training robot with shadow-leg approach [J]. IEEE Transactions on Neural Systems and Rehabilitation

Engineering，2016，24（3）：352-363.

［76］ C C Peng，T S Hwang，C J Lin，et al. Development of intelligent massage manipulator and reconstruction of massage process path using image processing technique［C］. In Proceedings of the 2010 IEEE Conference on Robotics，Automation and Mechatronics，Singapore，28-30 June 2010.

［77］ X Z Jiang，Z H Wang，C Zhang，et al. Fuzzy neural network control of the rehabilitation robotic arm driven by pneumatic muscles［J］. Industrial Robot，2015，42（1）：36-43.

［78］ S Mefoued. A robust adaptive neural control scheme to drivean actuated orthosis for assistance of knee movements［J］. Neurocomputing，2014，（22）：27-40.

［79］ Z J Li，C Y Su，G L Li，et al. Fuzzy approximation-based adaptive backstepping control of an exoskeleton for human upper limbs［J］. IEEE Transactions on Fuzzy Systems，2014，23（3）：555-566.

［80］ 盛峥. 扩展卡尔曼滤波和不敏卡尔曼滤波在实时雷达回波反演大气波导中的应用［J］. 物理学报，2011，（11）：820-826.

［81］ 高明煜，何志伟，徐杰. 基于采样点卡尔曼滤波的动力电池 SOC 估计［J］. 电工技术学报，2011，26（11）：161-167.

［82］ 夏楠，邱天爽，李景春，等. 一种卡尔曼滤波与粒子滤波相结合的非线性滤波算法［J］. 电子学报，2013，41（001）：148-152.

［83］ 张秋昭，张书毕，郑南山，等. GPS / INS 组合系统的多重渐消鲁棒容积卡尔曼滤波［J］. 中国矿业大学学报，2014，43（1）：162-168.

［84］ 魏彤，郭蕊. 自适应卡尔曼滤波在无刷直流电机系统辨识中的应用［J］. 光学精密工程，2012，20（010）：2308-2314.

［85］ 周东华，席裕庚，张钟俊. 一种带多重次优渐消因子的扩展卡尔曼滤波器［J］. 自动化学报，1991，01 7（006）：689-695.

［86］ 姚禹，张邦成，蔡赟，等. 改进的强跟踪滤波算法及其在 3PTT-2R 伺服系统中的应用［J］. 自动化学报，2014，40（007）：1481-1492.

［87］ L Chang，X Ma，L Wang，et al. Comparative analysis on the conjunctive and disjunctive assumptions for the belief rule base［C］. International Conference on Cyber-Enabled Distributed Computing & Knowledge Discovery. IEEE Computer Society，2016.

［88］ K Abudahab，D L Xu，Y W Chen. A new belief rule base knowledge representation scheme and inference methodology using the evidential reasoning rule for evidence combination［J］. Expert Systems with Applications，2016，51（C）：218-230.

[89] B Wu，J Huang，W Gao，et al. Rule reduction in air combat belief rule base based on fuzzy-rough set [C]. International Conference on Information Science and Control Engineering. IEEE，2016.

[90] L H Yang，Y M Wang，Y X Lan，et al. A data envelopment analysis（DEA）-based method for rule reduction in extended belief-rule-based systems [J]. Knowledge-Based Systems，2017，123（1）：174-187.

[91] 冯永飞. 坐卧式下肢康复训练机器人机构设计与协调控制研究 [D]. 秦皇岛：燕山大学，2018.

[92] J B Yang，J Liu，J Wang，et al. Belief rule-base inference methodology using the evidential reasoning approach-RIMER [J]. IEEE Transactions System Man Cybernetics Part A-System Humans，2006，36（2）：266-285.

[93] G Li，Z Z Zhou，C Hu，et al. A new safety assessment model for complex system based on the conditional generalized minimum variance and the belief rule base [J]. Safety Science，2017，93：108-120.

[94] R Karim，K Andersson，M S Hossain，et al. A belief rule based expert system to assess clinical bronchopneumonia suspicion [C]. Future Technologies Conference，2017.

[95] G L Kong，R Karim，K Andersson，et al. Applying a belief rule-base inference methodology to a guideline-based clinical decision support system [J]. Expert Systems，2009.

[96] G L Kong，D L Xu，X Liu，et al. Applying a belief rule-base inference methodology to a guideline-based clinical decision support system [J]. Expert Systems，2010，26（5）：391-408.

[97] M S Hossain，S，A L Rahaman. A belief rule based expert system for datacenter PUE prediction under uncertainty [J]. IEEE Transactions on Sustainable Computing，2017（99）：140-153.

[98] G Y Hu，P L Qiao. Cloud belief rule base model for network security situation prediction [J]. IEEE Communications Letters，2016，20（5）：914-917.

[99] 尹晓静. 基于半定量信息的复杂机电系统健康评估及预测方法研究 [D]. 长春：长春工业大学，2017.

[100] L L Chang，Z J Zhou，Y W Chen，et al. Belief rule base structure and parameter joint optimization under disjunctive assumption for nonlinear complex system modeling [J]. IEEE Transactions on Systems Man & Cybernetics Systems，2017：1-13.

[101] G L Kong，D L Xu，Body R，et al. A belief rule-based decision support system for clinical risk assessment of cardiac chest pain [J]. European Journal of Operational Research，2012，219（3）：564-573.

[102] S Rahaman. Diabetes diagnosis expert system by using belief rule base with evidential reasoning [C]. International Conference on Electrical Engineering & Information Communication

Technology. IEEE，2015.

［103］周志杰，陈玉旺，胡昌华，等. 证据推理、置信规则库与复杂系统建模［M］. 北京：科学出版社，2017.

［104］J B Yang，M G Singh. An evidential reasoning approach for multiple-attribute decision making with uncertainty［J］. IEEE Transactions on Systems Man & Cybernetics，1994，24（1）：1-18